配网系统员工入职培训手册

继电保护

国网上海市电力公司市北供电公司 编

中国电力出版社
CHINA ELECTRIC POWER PRESS

内 容 提 要

本书围绕继电保护专业应掌握的知识和技能,针对电网企业新入职员工的需要,系统介绍了继电保护工作的内容、方法等。主要包括城市配网系统概述、配网系统常见继电保护原理、配网系统常见自动装置原理、二次回路识图、配网系统常见继电保护工作 5 章内容。

本书适用于电网企业新入职员工。

图书在版编目(CIP)数据

配网系统员工入职培训手册. 继电保护 / 国网上海市电力公司市北供电公司编. —北京:中国电力出版社,2018.12
ISBN 978-7-5198-2784-7

Ⅰ. ①配… Ⅱ. ①国… Ⅲ. ①配电系统–职业培训–技术手册②继电保护–职业培训–技术手册 Ⅳ. ①TM7-62②TM77-62

中国版本图书馆 CIP 数据核字(2018)第 287925 号

出版发行:中国电力出版社
地　　址:北京市东城区北京站西街 19 号(邮政编码 100005)
网　　址:http://www.cepp.sgcc.com.cn
责任编辑:吴　冰(010-63412356)
责任校对:黄　蓓　太兴华
装帧设计:赵姗姗
责任印制:石　雷

印　　刷:三河市万龙印装有限公司
版　　次:2018 年 12 月第一版
印　　次:2018 年 12 月北京第一次印刷
开　　本:787 毫米×1092 毫米　16 开本
印　　张:9.75
字　　数:215 千字
印　　数:0001—2000 册
定　　价:35.00 元

本书编委会

编委会主任　史济康　陈　军

编委会副主任　毛　俊　吴峥嵘　王卫公　张　立　俞　康

本书编写组

主　编　王乃盾　石江华

副主编　黄　怡　姚　明　池海涛　陈　怡　施　灵　王轶华

　　　　张　捷　韩浩江　许　敏

编写组成员

国网上海市电力公司市北供电公司

夏　澍　杨　剑　徐鑫悦　王思麒　唐海峰　卞　欣　钱　颖

王颖韬　周　瑜　许　刚　燕　劼　周　鸣　胡海涛　吴　昊

苏　君　杨　杰　李顺道　林　辉　龚　政　沈贤杰　沈志祺

周　琰　戴莉萍　徐　隽　张学飞　毛　伟　钱　立　徐良骏

陆文彬　唐海波　施玲君　史　媛　李冰若　徐英成　陈　盛

周　璿　金为夷　竺立德　郑天奇　张国海　蔡　昊

国网上海市电力公司市区供电公司

金　琪　冯文俊　胡海敏

目　录

城市配网系统概述

1.1 电 压 等 级

电压等级的建立、演变和发展主要是随着发电量、用电量的增长（特别是单机容量的增长）及输电距离的增加而相应提高，同时还受技术水平、设计制造水平等限制。电网额定电压等级的选用，对一个国家生产建设的发展、现代化程度的提高具有深远的战略意义以及重要的现实意义。它不但影响电力网络的结构与布局、电力设备的设计制造、电力系统的运行管理，还决定电力系统的年运行费用和经济效益，关系到电力事业的建设投资及发展速度、国民经济的整体布局和远景规划。因此，国家电压等级的确定，是一个涉及面广、影响因素多的综合性课题。

1.1.1 电压等级规定

为了降低线路损耗，电厂发出的电力首先经过升压进入输电网，再经过远距离输送降压进入配电网，经过配电变压器进一步降压为 400V 进入终端居民用户，或更高的配电电压为工矿企业供电（见图 1-1）。

图 1-1 电力系统接线示意图

为了规范、简化电压等级，每个国家均制定了国家电压标准。成立于 1906 年的国际电工委员会（The International Electrotechnical Commission，IEC）是非政府性国际电工标准化机构，也在不断推出包括电压等级在内的国际标准。我国根据电网的发展进程，数次修改了电压等级标准，国家电压标准是统一电力行业、电力设备制造企业以及用电工业和电力用户之间电压序列的强制性技术标准。

（1）第一个国家电压标准（GB 156—1959）：1949 年后，为了促进全国电力工业的发展，在全国范围内统一和简化了电压等级，逐步建立起了第一个国家电压标准 GB 156 并于 1959 年颁布。

（2）GB 156—1980《额定电压》：随着我国现代化建设发展的需要，电力需求发生了很大变化，电力系统有了很大发展，1959年颁布的电压标准已经不能适应经济和电力的发展要求。1980年有关专家对电压标准进行了修订，即国家标准GB 156—1980《额定电压》，确定标准电压等级3、6、10、35、63、110、220、330、500、750kV（待定）。

（3）GB 156—1993《标准电压》：改革开放后，国民经济及电力工业发展迅速，原标准已经不能适应国民经济和电力系统的快速发展需要。1990年全国发电量比1980年增加一倍。国家技术监督局于1991年决定对GB 156—1980进行修订，GB 156—1993《标准电压》于1993年4月20日颁布。

（4）GB 156—2003《标准电压》。由于电网建设的需要，超高压电网已经形成主要网络，直流输电系统也有了很大发展，电压等级不断提升。2003年，全国发电量已达$19\,080 \times 10^8$kWh，需要对标准电压进行相应修改。2003年颁布的GB 156—2003对应于IEC—60038（1997英文版），根据我国实际补充了330、500、750kV等3个电压等级。

（5）GB/T 156—2007《标准电压》。随着电网投资的持续增长，2003～2007年短短4年间，电网发生了巨大变化，发电量已经接近于美国。2007年颁布了GB/T 156—2007，本标准修改采用IEC 60038（2002）。将配电网系统标称电压20kV作为正式标准电压；结合中国电网发展实际，将IEC标准中设备最高电压1200kV等级修改为特高压系统标称电压1000kV和设备最高电压1100kV；根据电网发展增加高压直流输电系统±500kV和±800kV标称电压。

（6）GB/T 156—2017《标准电压》。随着特高压交直流工程等技术的发展日益成熟，2017年，国家颁布了新的GB/T 156—2017标准，本标准修改采用IEC 60038（2009）。增加了高压直流输电系统标称，形成了±160（±200）、±320（±400）、±500（±660）、±800、±1100kV的直流输电电压等级序列；删除了原标准中直流部分的1.2、1.5V，增加了400V优选值，440V改为备选值（见表1-1）。

表1-1　　　　　　　　　各种类型的电力网所包含的电压等级

电网类型	电压等级分类		应用中的电压等级
输电网	交流	特高压（UHV）	1000kV
		超高压（EHV）	750kV、500kV、（330kV）
		高压（HV）	220kV、110kV
	直流	特高压（UHVDC）	±1100kV、±800kV
		高压（HVDC）	±660kV、±500kV、±400kV、±320kV、±200kV
配电网	高压（HV）		110kV、（66kV）
	中压（MV）		35kV、10kV、（6kV）
	低压（LV）		380V/220V

1.1.2　电压等级的规律与原则

电网运行中，需要满足技术要求和安全、可靠、稳定运行的前提下获得最大的经济效益，即使电网运行的综合费用最小。其主要取决于电网的等值负荷密度、供电半径、电网结构、变压器容量、低压侧开关遮断容量、变电站点和线路走廊资源等。

电压等级合理配置的原则和标准为：有利于降低电网整体投资；有利于降低损耗；有利于节约站址和通道资源；有利于提升供电能力和和供电可靠性；有利于运行维护；有利于供电适应性，以适应不同负荷情况的需求。纵观国内外电网电压等级，电压等级序列配置主要存在"几何均值"规律和"舍二求三"原则。

电网运行的综合费用在仅考虑电压（U）有关联时，可粗略地表示为：

$$F = A + BU + C/U \qquad (1-1)$$

A，B，C 是分别于电网参数有关的系数，主要取决于电网的等值负荷密度、供电半径及电网结构等。即一部分费用与电压无关，如部分维护费、管理费等；一部分与电压成反比，如投资、折旧费、运行维护费等；一部分与电压成反比，如线路损耗、变压器损耗等。

可求得综合费用 F 最小时的经济电压 U_j，即：

$$F' = B - C/U_j^2 \qquad (1-2)$$

令 $F' = 0$，得到经济电压；

$$U_j = \sqrt{C/B} \qquad (1-3)$$

对于一个区域网络，由综合费用最小确定的经济电压并不一定正好符合现行电压标准，一般在两个标准电压之间。因此，标准电压 U_i 和 U_{i+1} 之间必然存在一个经济带。在某一相同负荷密度、供电半径和网络结构下，两个相邻的标准电压可以等经济的，因而：

$$BU_i + \frac{C}{U_i} = BU_{i+1} + \frac{C}{U_{i+1}} \qquad (1-4)$$

整理可得：

$$\sqrt{U_i U_{i+1}} = \sqrt{C/B} = U_j \qquad (1-5)$$

可见经济电压与标准电压是"几何均值"的关系。最佳电压等级序列中的各电压等级间应互为"几何均值"（见图 1-2），这样电压等级中每个电压才都是经济电压。

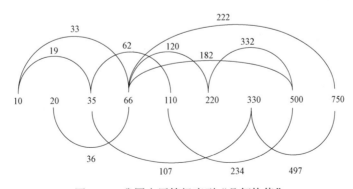

图 1-2 我国电压等级序列"几何均值"

其中弧线中间数字为弧线两段数字的几何均值。例如 $\sqrt{110 \times 750} = 287 \approx 330$。从国外电压等级分析，同样遵循这一客观规律，如美国，$\sqrt{240 \times 345} = 282 \approx 287$；英国，$\sqrt{132 \times 400} = 229 \approx 225$。

为了满足输、变、配电及发电和用电的需要，系统必然由多种不同电压等级的输变电设备组成。具有下列关系：

$$\eta = \frac{\Delta P}{P} = \frac{3I^2 R}{\sqrt{3}UI\cos\psi} = \frac{3(\xi S)^2 \rho l / S}{\sqrt{3}U\xi S\cos\psi} = \frac{\sqrt{3}\xi\rho l}{U\cos\psi} \qquad (1-6)$$

可推得：

$$l = \frac{U\cos\psi}{\sqrt{3}\xi\rho}\eta \qquad (1-7)$$

$$P = \frac{\eta SU^2 \cos^2\psi}{\rho l} \qquad (1-8)$$

式中　　η——线路的有功损失率；

ξ——线路中电流密度，A/mm^2；

S——导线截面积，mm^2；

l——导线长度，mm^2；

P——线路的传输功率；

ΔP——线路的有功损耗。

可见在保持相同有功损失率和功率因素条件下，线路的合理输送距离与电压等级成正比。线路的传送能力在保持相同有功损失率和功率因素下，也与电压的平方成正比，与线路长度等反比。

电网实际运行中，如果电压等级相差太大，必然造成变电设备生产、运行困难和低压送出困难，导致出线回路数多且低压送电距离过长，损耗增大，或者造成供电范围不能联合。反之，若级差太小，则变电层次太多，造成不必要的重复送电，增加投资和运行费用，同时也会造成供电范围重叠，不能充分发挥各电压的作用。故在电压等级序列中，应服从"舍二求三"原则，即在选择的电压等级序列中，各相邻电压等级间的倍数应力求接近或超过 3，同时又要舍弃接近或者小于 2 的两级中某一级。

1.1.3　电压等级与电力传送

为了满足用电设备对供电电压的要求，电力网应有自己的额定电压，并且规定电力网的额定电压和用电设备的额定电压一致。

如图 1-3 中，线路 ab 有功率通过时，将有电压降存在。因而首、末端电压不等，分别为 U_1 和 U_2，为了使用电设备实际承受的电压尽可能接近它们的额定电压值，应取线路的平均电压：

$$U_{AV} = \frac{U_1 + U_2}{2} \qquad (1-9)$$

使 U_{AV} 等于用电设备的额定电压。

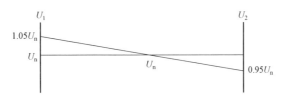

图 1-3　电力网电压分布

　　由于用电设备一般允许其实际工作电压偏离额定电压±5%,而电力线路从首端至末端电压损耗一般为 10%,故通常让线路首端的电压比额定电压高 5%,让末端电压比额定电压低 5%,这样无论用电设备接在线路的哪一点,承受的电压都不超过额定电压的±5%。

　　发电机总是接在线路的首端,所以它的额定电压应比所接电网的额定电压高 5%。变压器具有发电机和用电设备的两重性。变压器的一次侧由电网接受电能,相当于用电设备;其二次侧供出电能,又相当于发电机。因此,变压器一次侧的额定电压等于电网的额定电压。但是,与发电机直接连接的变压器,其一次侧额定电压应等于发电机额定电压。变压器二次侧的额定电压定义为空载时的电压,变压器在载有额定负荷时,其内部阻抗上约有 5%的电压损耗,为使变压器在额定负荷下工作时二次侧的电压高于额定电压 5%,所以规定变压器二次侧的额定电压比用电器额定电压高 10%。如果变压器阻抗较小,内部电压损耗也比较小,规定这种变压器的二次侧额定电压比用电器额定电压高 5%。

　　三相交流输电线路传输的有功功率为:

$$P = \sqrt{3}UI\cos\varphi \qquad\qquad (1-10)$$

　　由式(1-10)可见,当输送的功率一定时,线路的电压越高,路线中的电流就越小,则所用的导线截面就可以减小,用于导线的投资也越小,同时线路中的功率损耗、电能损耗也都相应减少。但是电压越高,要求线路的绝缘水平越高,除去杆塔投资增大、线路走廊加宽外,变压器、断路器等的投资也越大。上述表明电压选的过高或过低都不合理,对应一定的输送功率和输送距离,应有一个合理的电压(见表 1-2)。

表 1-2　　　　　　　　　　　　电 压 等 级 传 送 距 离

电压等级/kV	输送容量/MW	经济输送距离/km
750	1000～5000	500～1000
500	800～2000	150～850
330	200～1000	200～600
220	100～500	100～300
110	10～50	50～150
35	2～10	30～100
10	0.2～1	6～20

1.2 电气主接线

变电站的电气主接线是由变压器、断路器等高压电气设备通过连接线，按其功能要求组成的变换电压等级及汇集和分配电能的电路。它又常被称为变电站的一次接线或电气主系统。用规定的设备文字和图形符号按实际运行原理排列和连接，详细地表示高压电气设备的全部基本组成和连接关系的单线接线图，称为变电站的电气主接线图。

1.2.1 对电气主接线的基本要求一次系统标识

电气主接线代表了变电站电气部分的主体结构，是电力系统网络结构的重要组成部分。它直接影响运行的可靠性、灵活性，并对电气设备选择、配电装置布置、继电保护、自动装置和控制方式的拟定都有决定性的作用。因此，主接线的正确、合理设计，必须综合考虑各方面因素，经技术经济比较后方可确定。

对电气主接线的基本要求是：

（1）保证必要的供电可靠性。变电站是电力系统的重要组成部分，其主接线的可靠性应与系统的要求相适应。变电站的主接线又是电能向用户传输的集散点，所以它还应根据各类负荷的重要性，按不同要求满足各类负荷对供电可靠性的要求。

（2）主接线应力求简单、明了，运行灵活，操作方便。

（3）保证维护及检修时的安全、方便。

（4）满足扩建的要求。

（5）力求一次投资及年运行费低。

1.2.2 常见的各种接线方式及特点

1.2.2.1 变压器—线路组接线

变压器—线路组接线如图 1-4 所示。这种接线是一台变压器与一条线路构成一个接线单元。常用的接线方式有两种：一种是变压器低压侧没有电源，在变压器和线路间只装设一组带接地刀闸的隔离开关，不装设断路器，如图 1-4（a）所示。线路故障时，出线路对侧保护动作，线路对侧断路器切除故障；变压器故障时，变压器保护动作，通过远方跳闸装置动作于线路对侧断路器切除故障。

另一种是在变压器和线路间除了装设一组带接地刀闸的隔离开关外，还装设断路器，如图 1-4（b）

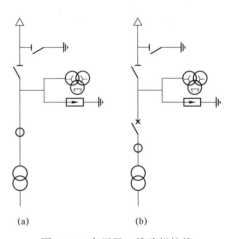

图 1-4　变压器—线路组接线

（a）变压器低压侧无电；（b）变压器低压侧有电

所示。当线路故障时，由线路对侧和本侧保护动作，线路两侧断路器切除故障；当变压器故障时，变压器保护动作，由变压器两侧断路器切除故障。这种接线可用于变压器低压侧有电源或无电源的情况。

在变压器与线路间不装设断路器，虽然节省投资，但变压器故障需通过远方跳闸装置由线路对侧断路器切除，保护和二次回路接线复杂，对变压器停电操作也不方便。是否装设断路器要根据工程的具体情况，经比较确定。

变压器—线路组接线是最简单的接线方式，其优点是设备最少、高压配电装置简单、占地面积小、本回路故障对其他回路没有影响。缺点是可靠性不高，线路故障或检修时，变压器停运，变压器故障或检修时，线路停运。

1.2.2.2 桥接线

在两个变压器—线路组接线之间装设一台桥断路器便构成了桥接线。在桥接线中，4个元件只用 3 台断路器，是一种节省断路器的接线方式。桥接线又分为内桥接线、外桥接线和扩大桥接线，如图 1-5 所示。

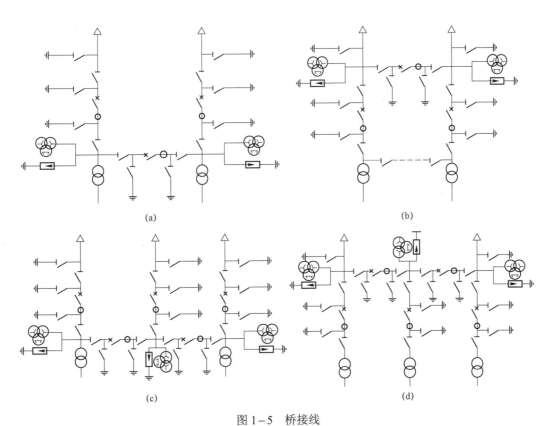

图 1-5　桥接线

(a) 内桥接线；(b) 外桥接线；(c) 扩大桥接线（一）；(d) 扩大桥接线（二）

内桥接线是桥断路器接在线路断路器内侧，如图 1-5（a）所示。其优点是线路的投入和切除操作方便。线路故障时，仅故障线路断路器断开，其他线路和变压器不受影响。其缺点是桥断路器检修停运,两回路需解列运行。变压器的投入和切除操作需要动作两台断路器,操作较复杂。当变压器故障时,两台断路器动作,致使一回无故障线路停电,扩大了故障切除范围。实际上,变压器的故障率远低于线路的故障率,所以内桥接线在系统中应用得较多。

外桥接线是桥断路器接在断路器外侧,另外两台断路器接在变压器回路,如图 1-5(b)所示。其接线特点与内桥接线相反。这种接线主要用在变压器投入和切除操作比较频繁、通过桥断路器有穿越功率的情况下。

为了在检修线路或变压器回路断路器时,不中断线路或变压器的正常运行,可装设正常断开的跨条,如图 1-5(b)中虚线所示,为了轮流停电检修任何一组隔离开关,在跨条上须装设两组隔离开关。桥断路器检修时,也可利用此跨条。

当有 3 条线路、2 台变压器或 2 条线路、3 台变压器时,也可采用扩大桥接线,如图 1-5(c)、(d)所示。其接线特点与内桥接线或外桥接线基本相同。因该种接线需用的断路器数量与单母线接线相同,所以在实际工程中采用得较少。

桥接线可作为最终接线,也可作为过渡接线。只要在布置上留有位置,桥接线可过渡到单母线接线、单母线分段接线、双母线接线、双母线分段接线。

1.2.2.3 单母线接线

单母线接地如图 1-6 所示。这种接线的特点是设一条汇流母线,电源线和负载线均通过一台断路器接到母线上。它是母线制接线中最简单的一种接线。其优点是接线简单、清晰、采用设备少、造价低、操作方便、扩建容易。缺点是可靠性不高,当任一连接元件故障,断路器拒动或母线故障,都将造成整个配电装置全停。母线或母线隔离开关检修,整个配电装置亦将全停。

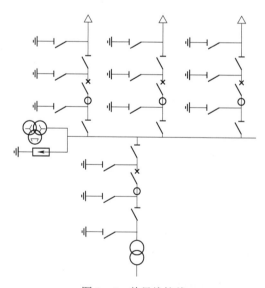

图 1-6 单母线接线

单母线接线可作为最终接线，也可作为过渡接线。只要在布置上留有位置，单母线接线可过渡到单母线分段接线、双母线接线、双母线分段接线。

1.2.2.4 单母线分段接线

这种接线是为消除单母线接线的缺点而产生的一种接线。用断路器将母线分段，分段后母线和母线隔离开关可分段轮流检修，接线如图1-7所示。对重要用户，可从不同母线段引双回路供电。当一段母线发生故障或当任一连接元件故障，断路器拒动时，由继电保护动作断开分段断路器将故障限制在故障母线范围内，非故障母线继续运行，整个配电装置不会全停，也能保证对重要用户的供电。

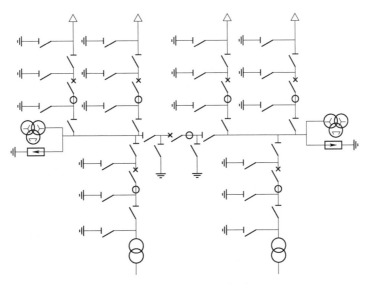

图1-7 单母线分段接线

这种接线除具有单母线接线的简单、清晰、采用设备少、操作方便、扩建容易等优点外，增加分段断路器后，提高了可靠性。因此，这种接线的应用范围也比单母线接线广。其缺点是当分段断路器故障时，整个配电装置会全停，母线和母线隔离开关检修时，该段母线上连接的元件都要在检修期间停电。

1.2.2.5 双母线接线

为克服单母线分段接线在母线和母线隔离开关检修时，该段母线上连接的元件都要在检修期间停电的缺点而发展出双母线接线。这种接线，每一元件通过一台断路器和两组隔离开关连接到两组母线上，两组母线间通过母线联络断路器连接，接线如图1-8所示。根据需要，每一元件可通过母线隔离开关连接到任一条母线上。在实际运行中，由于系统运行或继电保护的要求，某一元件要固定连接到一组母线上，以所谓"固定连接方式"运行。

双母线接线与单母线接线相比，具有较高的可靠性和灵活性，主要体现在以下几点：

（1）线路故障断路器拒动或母线故障只停一条母线及所连接的元件。将非永久性故障元件切换到无故障母线，可迅速恢复供电。

（2）检修任一元件的母线隔离开关，只停该元件和一条母线，其他元件切换到另一母线，不影响其他元件供电。

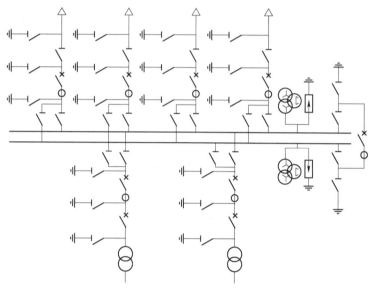

图 1-8 双母线接线

（3）可在任何元件不停电的情况下轮流检修母线，只需将要检修母线上的全部元件切换到另一母线即可。

（4）断路器检修可加临时跨条，将被检修断路器旁路，用母联断路器代替被检修断路器，减少停电时间。

（5）运行和调度灵活。根据系统运行的需要，各元件可灵活地连接到任一母线上，实现系统的合理接线。

（6）扩建方便。一般情况下，双母线接线配电装置在一期工程中就将母线构架一次建成，近期扩建间隔的母线也安装好。在扩建新元件施工时，对原有元件没有影响。

双母线接线与单母线接线相比有如下缺点：

（1）增加了一条母线和母线隔离开关，增加了设备及相应的构支架，加大了配电装置的占地和工程投资。

（2）当母线或母线隔离开关故障检修时，倒闸操作复杂，容易发生误操作。

（3）隔离开关操作闭锁接线复杂。

（4）保护和测量装置的电压取自母线电压互感器二次侧，需经过切换。电压回路接线复杂。

（5）母线联络断路器故障，整个配电装置将全停。

1.2.2.6　双母线分段

当双母线接线配电装置的进、出线回路数多时，为增加可靠件和运行上的灵活性，可在双母线中的一条或两条母线上加分段断路器，形成双母线单分段接线或双母线双分段接线。在母线系统中，除分段断路器之外，在两母线间还设母联断路器。也有人将这种接线称为双母线三分段或双母线四分段接线。

双母线单分段或双分段接线克服了双母线接线存在全停可能性的缺点，缩小了故障停电范围，提高了接线的可靠性。特别是双母线双分段接线，比双母线单分段接线只多一台分段断路器和一组母线电压互感器和避雷器，占地面积相同，但可靠性提高明显。

表 1–3 以 12 个元件为例，列出了两种接线的故障停电范围。

表 1–3　　　　　　　　　　　双母线分段接线故障停电范围

接线方式	双母线单分段		双母线双分段	
故障类型	停电回路	停电百分比/%	停电回路	停电百分比/%
出线故障、断路器拒动	3～6	25～50	3	25
母线故障	3～6	25～50	3	25
分段或母联断路器故障	6～9	50～70	6	50

从表 1–3 所列数据不难看出，双母线双分段接线具有很高的可靠性，可以做到在任何双重故障情况下不致造成配电装置全停。这种接线在系统运行中也非常灵活，可通过分段断路器或母联断路将系统分割成几个互不连接部分，达到限制短路电流、控制潮流、缩小故障停电范围等目的。

双母线双分段接线母线保护接线比单分段母线保护接线简单，可靠性也较高。

1.2.3　变电站主接线选择

1.2.3.1　主接线选择的主要原则

（1）变电站主接线要与变电站在系统中的地位、作用相适应。根据变电站在系统中的地位、作用确定对主接线的可靠性、灵活性和经济性的要求。

（2）变电站主接线的选择应考虑电网安全稳定运行的要求，还应满足电网出现故障时应急处理的要求。

（3）各种配电装置接线的选择，要考虑该配电装置所在的变电站性质、电压等级、进出线回路数、采用的设备情况、供电负荷的重要性和本地区的运行习惯等因素。

（4）近期接线与远景接线相结合，方便接线的过渡。

（5）在确定变电站主接线时要进行技术经济比较。

1.2.3.2　变电站分类

变电站按其在系统中的地位和作用可分为以下几类：

（1）系统枢纽变电站。一般为 330～500kV 系统变电站，该类变电站的主要特点是高压侧连接区域电网并与多个大电源相连接，高压侧有大量电力转送。变电站装有多台大容量降压变压器，从区域电网中下载电力，为地区的中间变电站提供电源。该类变电站的负荷侧，往往是地区电网的主要电源点。对这类变电站电气主接线的可靠性、灵活性要求都很高。因此，应采用可靠性和灵活性都高的接线方式。

（2）系统中间变电站（或地区变电站）。一般是 220kV 或 110kV 变电站。这类变电站主要作用是从地区电网中下载电力，为地区配电网供电或为用户直接供电。变电站内有三种电压（220/110/10kV；110/35/10kV）或两种电压（220～110/35～66kV）。这类变电站因地区的电网结构不同，对其接线的要求也有所不同。例如，在地区电网结构较强，实现了 $N-1$（或 $N-2$）配置的情况下，对变电站接线可靠性的要求相对降低。

（3）企业专用变电站。这类变电站主要是专为某一企业供电的变电站，对其接线可靠性的要求与企业的性质有关。对于重要企业如大型钢厂、化工厂，任何情况下不允许停电。除了接线可靠之外，企业还设有自备电厂。在设计企业专用变电站主接线时，还要考虑是否有自备电源的情况。

（4）系统末端的终端变电站。这类变电站处于系统的末端，高压侧设有电力转送，一般采用较简单的接线。

1.2.3.3　配电站分类

根据配电站的结构形式和作用，10kV 配电站统一为三种类型，即 K 型站、P 型站、W 型站。

（1）K 型站（开关站）。K 型站进线来自于 35/110kV 变电站（见图 1-9），可视为变电站母线的延伸。

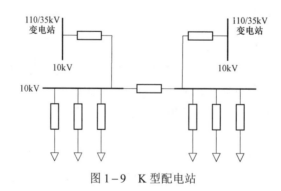

图 1-9　K 型配电站

在 K 型站中，由于使用不同型式的断路器，因而图标不同，但电气主接线是相同的。开关站的形式如表 1-4 所示。

表 1-4 　**K 型 站 代 号**

第一位	第二位	第三位
K—开关站	T—带变压器	A—采用空气绝缘开关柜
	F—无变压器	G—采用气体绝缘开关柜

即 KFA 为不带变压器，使用真空断路器空气绝缘开关柜的开关站；KTA 为带 2 台变压器，使用真空断路器空气绝缘开关柜的开关站。

（2）P 型站（环网站）。在 P 型站中，依据是否配有变压器以及变压器的数量对其进行分类，如表 1-5 所示。

表 1-5 　**P 型 站 代 号**

第一位	第二位	第三位
P—环网站	T—带变压器	1—带 1 台变压器
		2—带 2 台变压器
		3—带 3 台变压器
		4—带 4 台变压器
	F—无变压器	

即 PT2 表示带 2 台配电变压器及 10kV 出线的环网配电站；PF 表示不带配电变压器的多路环网开关柜构成的配电站。

（3）W 型站（户外站）。在 W 型站中，依据户外站的具体类型对其进行分类，如表 1-6 所示。

表 1-6 　**W 型 站 代 号**

第一位	第二位
W—户外站	X—预装式配电站
	H—10kV 户外环网装置
	L—低压户外电缆分支箱

即 WX 为预装式配电站，亦称箱式变压器，有进出线成环网，也称环网箱变；WH 为不带变压器，仅分支电缆的 10kV 户外配电站，又称 10kV 户外环网装置，可以装有熔丝，亦可不装熔丝，根据需要而定；WL 为低压户外电缆分支装置。

1.2.3.4 变配电站主接线实例

如图 1-10、图 1-11 所示。

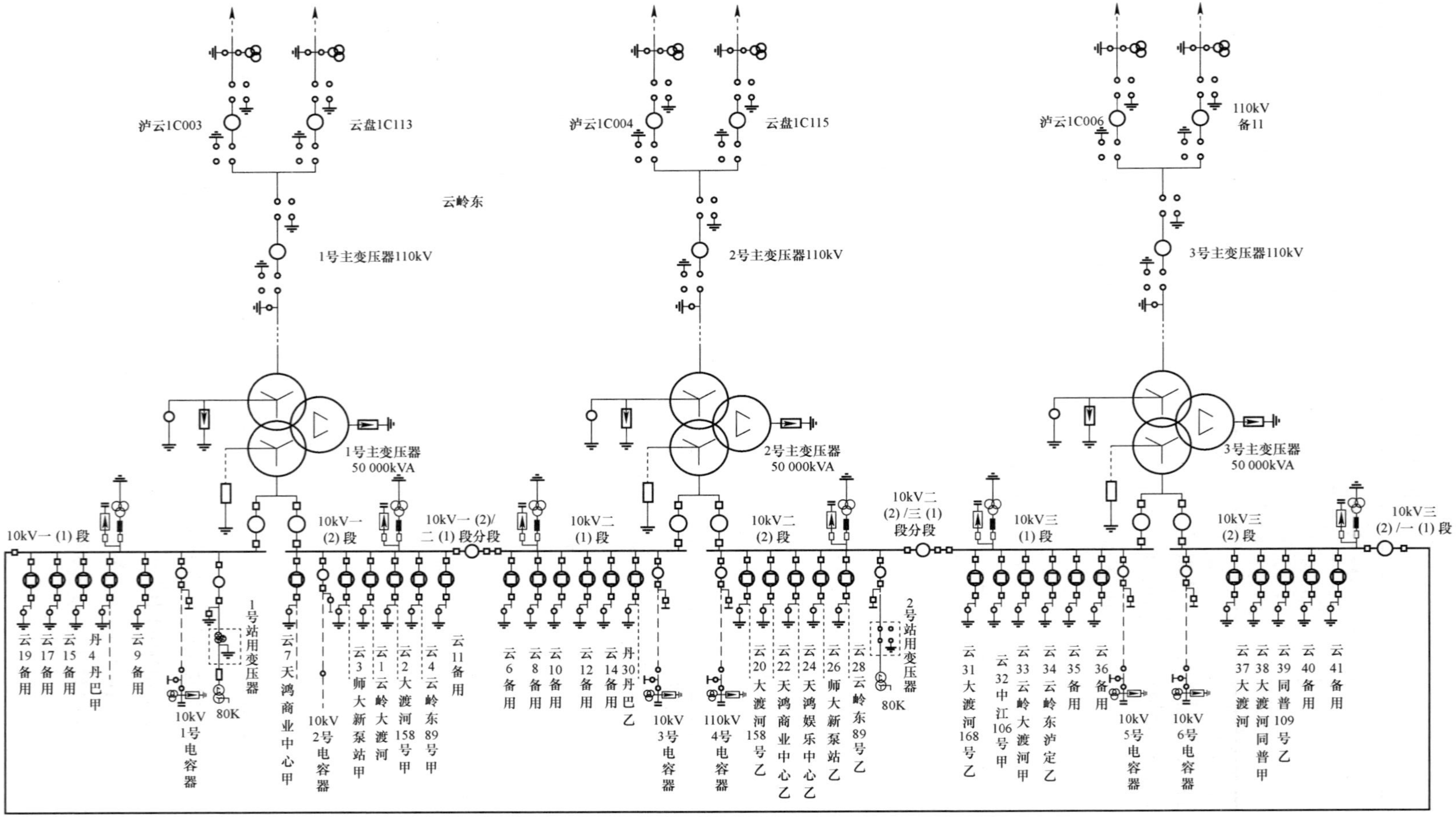

图 1-10　110kV 云岭东站主接线图

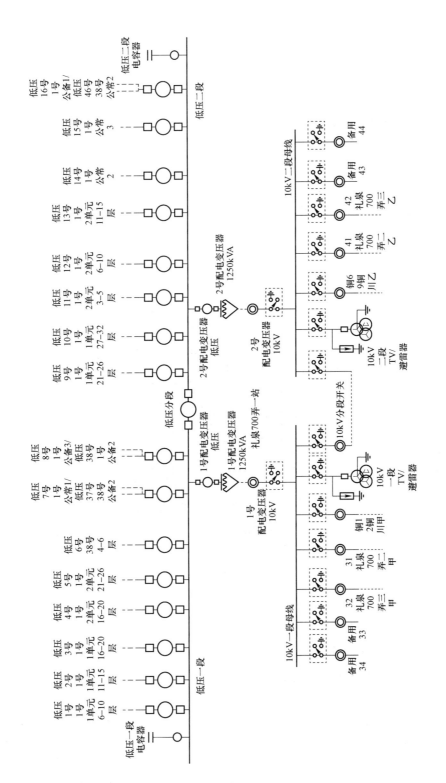

图1-11 10kV开关站主接线图

1.3 变 电 设 备

1.3.1 主变压器

1.3.1.1 油浸式变压器部件

（1）铁芯。铁芯是导磁部件，为减少励磁电流、涡流、磁滞损失和节约材料，采用高导磁硅钢片叠成，叠片厚 0.35～0.5mm，两面涂硅钢片漆烘干后，用叠装的方法，即将所裁片分层交错叠置，使每一层的接缝都被邻层的钢片盖上，以构成断面为阶梯形的三柱式铁芯。铁芯柱为环氧玻璃粘带绑扎，铁轭用包有绝缘的铁轭螺杆夹紧（见图 1–12）。

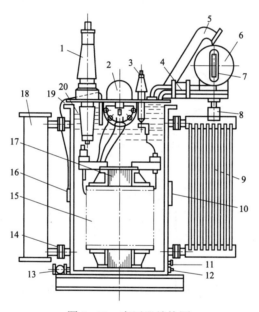

图 1–12　变压器结构图

1—高压套管；2—分接开关；3—低压套管；4—气体继电器；5—安全气道（防爆管或释压阀）；6—储油柜；
7—油位计；8—吸湿器；9—散热器；10—铭牌；11—接地螺栓；12—油样活门；13—放油阀门；14—活门；
15—绕组；16—信号温度计；17—铁芯；18—净油器；19—油箱；20—变压器油

为了防止变压器在运行或试验时，由于静电感应在铁芯等金属构件产生的浮悬电位，造成对地放电，铁芯及其金属构件必须且仅有一点接地。对绕组上部有钢压板的，上铁轭用接地片与上夹件及钢压板连接起来，下铁轭与下夹件连接，通过铁芯柱和下夹件钢垫脚（在变压器油箱底部）接地（为防止静电感应对地放电）；当变压器视在功率大于 20 000kV·A，取消下部接地片，采用连在上夹件上的引线电缆经油箱上的接地导管引出接地。

（2）绕组。绕组是导电部件，每相有两绕组或三绕组，按要求的不同绕法，形成圆筒形套在铁芯上，通常从绝缘方面考虑，低压在里，高压在外。

（3）绝缘套管。绕组引出线是通过中空的胶纸或油纸电容套管引出油箱顶罩上的。串装式密封油浸纸电容套管的芯管（铜管）上用绝缘纸和锡箔纸分层绕成纺锤形的电容芯子，以改善电压分布。电容芯子的最里层叫零屏，与导管（铜管）连成同电位，其最外层叫地屏（末屏），引至外面的中间法兰接地套管上，可供测套管介质损耗因数，一般是接地的。

（4）绝缘。绝缘用以承受正常、雷电的过电压，例如，断开空载变压器，过电压可达额定电压的3～4倍。绝缘可分为内绝缘和外绝缘。

1）内绝缘。内绝缘指变压器油箱内的绝缘，内绝缘又可分主绝缘和纵绝缘。

主绝缘包括高低压绕组间及其对地（铁芯、油箱）绝缘，各相绕组、引出线对地、调压分接开关对地之间的绝缘。

纵绝缘包括同一绕组不同点间的绝缘，如线饼间、层间、匝间以及绕组和电容保护元件间，同一绕组各引出线间，分接开关各部分间的绝缘。

2）外绝缘。外绝缘指变压器油箱外的绝缘，如变压器绕组的引出线，通过绝缘套管引出油箱后，其套管表面绝缘的泄漏距离；各相带电部位之间的空气间隙和对地距离，均称变压器的外绝缘。

变压器绕组靠近中性点（尾端）部分的主绝缘比其首端低的称为半绝缘；首尾端主绝缘一样的称为全绝缘。前者可使变压器的尺寸小，节约材料，但只能用在中性点直接接地的电网中。

（5）冷却部件。运行中变压器铁芯和绕组产生的热量，是通过绝缘油经过铁芯和绕组中的油道带出并传至散热器和油箱散发冷却的，带风扇加强散热的称为油浸风冷式；若还有油泵加强油的循环的称为强迫油循环风冷式。变压器油箱上部的热油，由潜油泵抽入上集油器，经风扇吹冷的冷却管道（3～5根串联），由下集油器流入油箱中。串联的冷却管道之间，可接入净油器。

（6）调压装置。调压装置是用于调整一次绕组的匝数，在小范围内改变二次电压的输出的装置，增加一次侧匝数，二次侧电压减小，反之则增高。

1）无励磁调压装置。无励磁调压装置用于不带电时调整分接头。图1-13为单相中部调压楔形分接开关原理接线图。其五个分接头的位置为Ⅰ、Ⅱ、Ⅲ、Ⅳ、Ⅴ，分别对应于105%、102.5%、100%、97.5%、95%的额定电压。欲降低运行中二次电压，需由序号大的高档改至序号小的低档，反之则升高。

2）有载调压装置。有载调压装置用于带电情况下，调整分接头。图1-14、图1-15分别表示有载调压分接开关动作过程和结构原理。在图1-15中，主触头1与金属转轴5连在一起，并与限流过渡电阻4的一端固定。辅助触头2固定在过渡电阻另一端。调压时，金属转轴5带动主触头1和过渡电阻一起转动。驱动机构为电动，并辅以手动。调整装置装于与变压器油箱不相通的独立油箱中，也装有挡板式气体继电器、储油柜、吸湿器等。分接头的档位还可用远传数码荧光管显示。

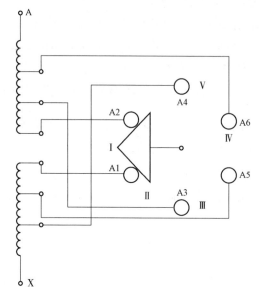

图 1-13　变压器结构单相中部楔形分接开关原理接线图

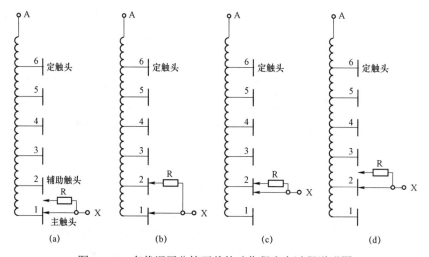

图 1-14　有载调压分接开关的动作程序全过程说明图

（a）主触头接通分接头 1；（b）辅助触头接头分接头 2，触头间出现环流；（c）主触头脱离分接头 1，并和辅助触头同时接通分接头 2；（d）辅助触头脱离分接头 2，切换过程结束

（7）保护部件。

1）储油柜（油枕）用以补偿油的热胀冷缩或缺油漏油引起的油位变化；并能使空气与本体油不直接接触，减少了油的氧化。储油柜储油的总量为变压器油的 10%。其面积小，缩小了空气对油的接触面。

大型变压器用隔膜密封式或者胶囊袋储油柜，如果采用储油柜内充氮保护时，需外加氮囊。

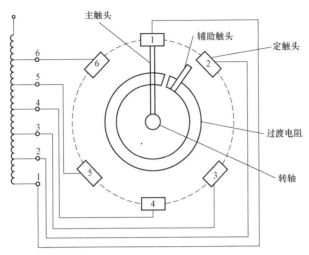

图 1-15 有载调压分接开关一相电路原理图

2）吸湿器。吸湿器也称呼吸器。吸湿器（见图 1-16）可防止空气中的水分进入储油柜。其中的变色硅胶（硅胶浸氯化钴）吸湿后，由蓝色变粉红色，可在 140℃烘焙 8h，恢复蓝色后再用。

3）气体继电器。挡板式气体继电器接于油箱盖与储油柜间管道上。当变压器内部轻微故障时，产生少量气体集于继电器顶部，使上油杯带动磁铁下降，使触点接通，并由触点启动变压器发信；当内部严重故障时，急速的油流冲动挡板，使触点接通，启动变压器跳闸。气体继电器还有放气塞、窥视窗和探针，用以观察和试验上、下油杯的状态和集气。

4）防爆管。防爆管是变压器的安全气道，变压器故障时，油箱内压力若过高可突破玻璃膜片释放，防止油箱爆炸。为防止环境气温变化，使玻璃膜片破裂，用联管与储

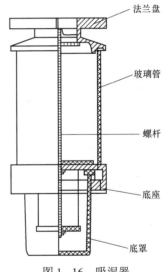

图 1-16 吸湿器

油柜连通通大气。玻璃膜片的破坏压力为：自由排吸气式 49.035kPa，气密封式为 73.55～83.36kPa。

代替防爆管的新型静压器已在变压器上使用，呈圆形，由金属薄片做成，能自动释放内部超过额定值压力后，自动复归，并有触点引出，以便发信号。

5）净油器。净油器也称温差过滤器、热虹吸过滤器。由于变压器上层油温高于中、下层的温差作用，使油经净油器循环而净化。氧化是导致变压器油老化的主要原因，其中装入的硅胶或活性氧化铝作吸附剂可吸收油中水分、游离碳、渣滓、酸和氧化物等。因此，净油器起到防油氧化和"再生"的良好作用。

硅胶用量为油重的 1%，活性氧化铝为 0.5%。

（8）监测部件。

1）温度计。温度计用以监测上层油温，有水银温度计、指针式信号温度计和远方电阻温度计。大变压器需多点测温，可兼有几种温度计。

水银温度计刻度为 0～150℃，直接插入变压器顶盖上的测温筒上，筒的下部伸入油内。

指针压力式温度计，测温泡、毛细管和压力计的弹簧管的密闭系统中，充有氯甲烷或乙醚等饱和状态的液体和蒸气。温度变化时，使饱和汽压变化引起弹簧管变形，带动指针偏转指示温度。温度计指针轴带有触点，可用于某高温接通时发信号。

电阻温度计，测温电阻随温度变化引起指温计中电桥平衡和检流计中电流变化，使指针偏转显示测量的温度。

2）油位计。油位计上刻有 −30、+20、+40℃时的油位。变压器油位过高可能因温度上升溢出，过低可能因温度下降引起气体继电器动作。密封式电容套管和有载调压装置也有单独的油位计。

1.3.1.2　电力变压器的运行参数

1.3.1.2.1　基本参数

（1）变比、视在功率及组别。

1）单相变压器：在一次绕组（N_1 匝）加电压 U_1，从而在二次绕组（N_2 匝）感应出电压 U_2，当带上负荷后便在一次绕组和二次绕组中分别流过电流 I_1 和二次电流 I_2。当忽略励磁电流、铁芯损失和绕组铜损时：

$$\frac{U_1}{U_2} = \frac{I_2}{I_1} = \frac{N_1}{N_2} = K \qquad (1-11)$$

式中　K——变压器变比。

一次侧视在功率 $S_1 = U_1 I_1$，$S_2 = U_2 I_2$。当忽略铜损、铁损时：

$$S_1 = S_2 \qquad (1-12)$$

2）三相变压器：对于 35kV 降压变压器，一般高压绕组成星形、低压绕组成三角形，其电流和电压关系为：

高压绕组：$U_{AB} = \sqrt{3} U_A$，$I_A = I_A'$

低压绕组：$U_{ab} = U_a'$，$I_a = \sqrt{3} I_a'$

视在功率：$S_1 = \sqrt{3} U_{AB} I_A$，$S_2' = \sqrt{3} U_{ab} I_a$

当忽略铜损、铁损时：$S_1 = S_2'$

式中　U_{AB}、U_A、I_A、I_A'——高压绕组的线电压、相电压、线电流、相电流；

U_{ab}、U_a'、I_a、I_a'——低压绕组的线电压、相电压、线电流、相电流。

从图 1−17 中，可以看出二次线电压落后于一次线电压 330°，我们称具有这种相量关系的三相变压器的接线为 11 组组别的接线，用 YNd11 表示（过去用 Y/△-11 表示）。

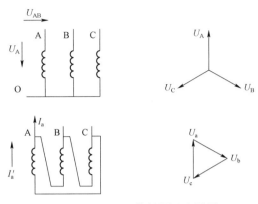

图 1-17 YNd11 接线图及向量图

（2）额定电压。它是变压器长时间所承受的工作电压关系到主绝缘和纵绝缘的承受能力。

（3）额定电流。它是允许长时间通过的电流，关系到变压器的发热、温度和寿命。

（4）温度及温升。上层油温最高不允许超过 95℃，一般不允许经常超过 85℃。因为一般 A 级绝缘绕组的允许温升为 65℃，以周围环境 40℃计，最高允许 105℃。此时，对应的上层油温为 95℃，等于环境温度 40℃与上层油对环境温升 55℃之和；油平均温实为 40℃（中、下层比上层温度低），绕组对油温升 25℃，加上环境温度 40℃，共 105℃即为绕组允许的温度。

（5）效率 η 。它是二次输出功率 P_2 与一次输入功率 P_1（即 P_2 与变压器铜铁损之和）之比，即：

$$\eta = P_2 / P_1 \times 100\% \tag{1-13}$$

效率的大小关系到多台变压器的经济运行。

（6）变压器型号。变压器的型号分两部分，前部分由汉语拼音字母组成，代表变压器的类别、结构特征和用途，后一部分由数字组成，表示产品的容量（kV·A）和高压绕组电压（kV）等级。

汉语拼音字母含义如下：

1）第 1 部分表示相数：D—单相（或强迫导向）；S—三相。

2）第 2 部分表示冷却方式：J—油浸自冷；F—油浸风冷；FP—强迫油循环风冷；SP—强迫油循环水冷。

3）第 3 部分表示电压级数：S—三级电压；无 S 表示两级电压。

4）其他：O—全绝缘；L—铝线圈或防雷；O—自耦（在首位时表示降压自耦，在末位时表示升压自耦）；Z—有载调压；TH—湿热带（防护类型代号）；TA—干热带（防护类型代号）。

例如：变压器铭牌 SFPSZ—63000/110 表示三相（S）强迫油循环风冷（FP）三绕相（S）有载调压（Z），63 000kV·A，110kV 电力变压器。

1.3.1.2.2 运行要求

（1）油的运行。油浸式变压器运行中的温度及温升限制见表1—7。

表1—7 油浸式变压器运行中的温度限制

冷却方式	冷却介质最高温度/℃	最高顶层油温/℃	不宜经常超过温度/℃
自然循环自冷、风冷（ONAN/ONAF）	40	95	85
强迫油循环风冷（OFAF）	40	85	80
强迫油循环水冷（OFWF）	30	70	

变压器油使用沪10号油，应为浅黄色，氧化后会变深变暗，透明度应好，并带有蓝色荧光，否则会有游离碳和杂质；应没有异味，或带一点煤油味，否则说明油质变坏。如有烧焦味，说明油干燥时过热；如有酸味，说明严重老化；如有乙炔味，说明油内产生电弧等。

应定期或故障取样，作色谱分析，取油样时应注意清洁。

（2）运行中的电压。变压器加一次电压，一般不得超过其运行分接头额定电压的5%。此时，二次侧可带额定电流。加在变压器一次侧的电压允许比该分接头额定电压高10%，此时，应按公式$U\% = 110 - 5K^2$（K为负载系数，小于1）对电压加以限制。有载调压变压器，运行人员应根据调度部门下达的电压曲线，进行电压调整，其各分接头位置的容量，应遵守制造厂的规定。无载调压变压器在额定电压±5%范围内，改变分接头位置运行时，其额定容量不变，如为−7.5%分接头和−10%分接头时，其容量应相应降低2.5%和5%。

（3）变压器的负载状态。根据DL/T 572—2010《电力变压器运行规程》规定，变压器的负载状态可分：正常周期性负载运行，长期急救周期性负载运行，短期急救负载运行等三种情况，其正常过负载或急救过负载限值，将因配电变压器、中型变压器、大型变压器而有所不同，见表1—8。

表1—8 变压器负载电流和温度最大限值

负载类型		配电变压器	中型电力变压器	大型电力变压器	过负荷最长时间/h
正常周期性负载	电流（标幺值）	1.5	1.5	1.3	2h
	顶层油温/℃	140	105	105	
长期急救周期性负载	电流（标幺值）	1.8	1.5	1.3	1h
	顶层油温/℃	150	115	115	
短期急救负载	电流（标幺值）	2.0	1.8	1.5	0.5h
	顶层油温/℃		115	115	

表中，配电变压器指电压在35kV以下，三相额定容量在2500kVA及以下，单相额定容量在833kVA及以下，具有独立绕组、自然循环冷却的变压器。

中型变压器指三相最大额定容量不超过100MVA，单相最大额定容量不超过33.3MVA

的电力变压器，且额定短路阻抗（Z）符合下式要求：

$$Z \leqslant \left(25 - 0.1 \times \frac{3S_N}{W}\right)\% \tag{1-14}$$

式中　W——有绕组的芯柱数；

　　　S_N——额定容量，MVA。

大型变压器指三相最大额定容量 100MVA 及以上，单相最大额定容量在 33.3MVA 及以上的电力变压器，其额定短路阻抗（Z）大于中型变压器计算值的变压器。

在表 1-8 中，负载电流的标幺值取值如下：双绕组变压器取任一绕组；三绕组变压器取最大绕组；自耦变压器取各侧绕组和公共绕组中负载电流最大的绕组。

变压器的超额定电流运行，除考虑热点温度不超过允许值外，还应考虑不超过套管、引线、断路器等连接回路元件的电流允许值。当变压器的结构件不能满足超额定电流运行时，应根据具体情况确定是否限制负载及限制的程度。

表 1-8 中，三种负载的运行叙述如下：

a. 正常周期性负载。变压器在额定使用条件下，全年可按额定电流运行；在运行中，某段时间环境温度较高，或超过额定电流，但可由其他时间内环境温度较低，或低于额定电流所补偿。从热老化的观点出发，它与设计采用的环境温度下施加额定负载是等效的。因此，变压器在平均老化率小于或等于 1 的情况下，允许周期性的超额定电流运行，但变压器有严重缺陷，如冷却系统不正常、严重漏油、有局部过热现象、油中溶解气体分析结果异常、绝缘有弱点等，不宜超额定电流运行。

正常周期性负载运行方式下，超额定电流运行的允许负载系数和时间，各变电站应按有关部门根据该站具体情况经计算制定的图表执行，见表 1-9。

表 1-9　　　　　　　　　　　　过负荷持续运行时间表　　　　　　　　　　　　h

过负荷倍数	过负荷前上层的温升为下列数值时，允许过负荷持续时间						
	18℃	24℃	30℃	36℃	42℃	48℃	50℃
1.01	可持续运行						
1.05	5:50	5:25	4:50	4:50	3:00	1:30	—
1.10	3:50	3:25	2:50	2:10	1:25	0:10	—
1.15	2:50	2:25	1:50	1:20	0:35	—	—
1.20	2:05	1:40	1:15	0:45	—	—	—
1.25	1:35	1:15	0:50	0:25	—	—	—
1.30	1:10	0:50	0:30	—	—	—	—
1.35	0:55	0:35	0:15	—	—	—	—
1.40	0:40	0:25	—	—	—	—	—
1.45	0:25	0:10	—	—	—	—	—
1.50	0—15	—	—	—	—	—	—

b. 长期急救周期性负载运行。长期急救周期性负载运行是指，变压器长时间在环境温度较高，或超过额定电流下运行。这种运行方式可能持续几星期或几个月，将导致变压器的加速老化，缩短变压器寿命，但不直接危及绝缘的安全。应尽量减少这种运行方式；必须采用时，应尽量缩短这种运行方式的时间，降低超额定电流倍数，有条件时，还应投入备用冷却器。

长期急救周期性负载运行时，平均相对老化率可大于1，甚至远大于1。超额定电流负载系数和时间，应按专业部门经复杂计算制备的图表执行，记录负载电流，核算该运行时间的平均相对老化率。

c. 短期急救负载运行。短期急救负载运行是指，变压器短时间超额定电流运行，相对老化率远大于1，绕组热点温度可能达到危险程度，使绝缘强度暂时下降。在这种情况下，应投入包括备用在内的全部冷却器（制造厂另有规定的除外），并尽量压缩负载，减少时间，一般不超过0.5h。当变压器有严重缺陷或绝缘有弱点时，不宜超额定电流运行。

0.5h 短期急救负载允许的负载系数 K_2 见表 1-10。运行中应详细记录负载电流，核算该运行期间相对老化率。

表 1-10   0.5h 短期急救负载的负载系数表

变压器类型	急救负载出现前系数 K_1	环境温度/℃							
		40	30	20	10	0	-10	-20	-25
配电变压器（冷却方式 ONAN）	0.7	1.95	2.00	2.00	2.00	2.00	2.00	2.00	2.00
	0.8	1.90	2.00	2.00	2.00	2.00	2.00	2.00	2.00
	0.9	1.84	1.95	2.00	2.00	2.00	2.00	2.00	2.00
	1.0	1.75	1.86	2.00	2.00	2.00	2.00	2.00	2.00
	1.1	1.65	1.80	1.90	2.00	2.00	2.00	2.00	2.00
	1.2	1.55	1.68	1.84	1.95	2.00	2.00	2.00	2.00
中型变压器（冷却方式 ONAN 或 ONAF）	0.7	1.80	1.80	1.80	1.80	1.80	1.80	1.80	1.80
	0.8	1.76	1.80	1.80	1.80	1.80	1.80	1.80	1.80
	0.9	1.72	1.80	1.80	1.80	1.80	1.80	1.80	1.80
	1.0	1.64	1.75	1.80	1.80	1.80	1.80	1.80	1.80
	1.1	1.54	1.66	1.78	1.80	1.80	1.80	1.80	1.80
	1.2	1.42	1.56	1.70	1.80	1.80	1.80	1.80	1.80
中型变压器（冷却方式 OFAF 或 OFWF）	0.7	1.50	1.62	1.70	1.78	1.80	1.80	1.80	1.80
	0.8	1.50	1.58	1.68	1.72	1.80	1.80	1.80	1.80
	0.9	1.48	1.55	1.62	1.70	1.80	1.80	1.80	1.80
	1.0	1.42	1.50	1.60	1.68	1.78	1.80	1.80	1.80
	1.1	1.38	1.48	1.58	1.66	1.72	1.80	1.80	1.80
	1.2	1.34	1.44	1.50	1.62	1.70	1.76	1.80	1.80

变压器类型	急救负载出现前系数 K_1	环境温度/℃							
		40	30	20	10	0	−10	−20	−25
中型变压器（冷却方式 ODAF 或 ODWF）	0.7	1.45	1.50	1.58	1.62	1.68	1.72	1.80	1.80
	0.8	1.42	1.48	1.55	1.60	1.66	1.70	1.78	1.80
	0.9	1.38	1.45	1.50	1.58	1.64	1.68	1.70	1.70
	1.0	1.34	1.42	1.48	1.54	1.60	1.65	1.70	1.70
	1.1	1.30	1.38	1.42	1.50	1.56	1.62	1.65	1.70
	1.2	1.26	1.32	1.38	1.45	1.50	1.58	1.60	1.70
大型变压器（冷却方式 OFAF 或 OFWF）	0.7	1.50	1.50	1.50	1.50	1.50	1.50	1.50	1.50
	0.8	1.50	1.50	1.50	1.50	1.50	1.50	1.50	1.50
	0.9	1.48	1.50	1.50	1.50	1.50	1.50	1.50	1.50
	1.0	1.42	1.50	1.50	1.50	1.50	1.50	1.50	1.50
	1.1	1.38	1.48	1.50	1.50	1.50	1.50	1.50	1.50
	1.2	1.34	1.44	1.50	1.50	1.50	1.50	1.50	1.50
大型变压器（冷却方式 ODAF 或 ODWF）	0.7	1.45	1.50	1.50	1.50	1.50	1.50	1.50	1.50
	0.8	1.42	1.48	1.50	1.50	1.50	1.50	1.50	1.50
	0.9	1.38	1.45	1.50	1.50	1.50	1.50	1.50	1.50
	1.0	1.34	1.42	1.48	1.50	1.50	1.50	1.50	1.50
	1.1	1.30	1.38	1.42	1.50	1.50	1.50	1.50	1.50
	1.2	1.26	1.43	1.38	1.45	1.50	1.50	1.50	1.50

干式变压器的各种超额定电流运行，按制造厂规定和有关要求执行。

无人值班变电站变压器的超额定电流运行，可视具体情况做出规定。

（4）变压器冷却器的使用规定。油浸自然循环风冷式变压器，当气温较低，负荷较轻，且上层油温又低于 55℃ 时，可以不开风扇运行；当上层油温超过 55℃ 时，则应启用风扇，使变压器的上层油温尽量接近 55℃，风扇的启停操作可以自动控制，也可以人工操作。采用自动控制的方式时可分为按上层油温控制和按负荷电流控制两种。

强油循环风冷变压器，空载运行时，应投入两组冷却器于"工作"位置。带负荷运行后，应按制造厂的规定投入相应数量的冷却器于"工作"（至少两组）、"辅助"位置，其余为"备用"位置，对于投入于"工作"的冷却器要定期进行切换，同时还应注意冷却器在变压器本体的位置上分布合理，要尽可能分布在变压器的两侧或对角线上。

强油循环水冷变压器其冷却器的投运应遵守制造厂的规定。这种变压器运行中的冷却器，一般应满足以下要求：进水温度一般不应高于 25℃，最高不应高于 30℃；进出水温度差不应大于 15℃，为防止水渗入油中，影响油的绝缘性能，因此要求冷却系统具有较高的密封性能。同时，在变压器投入运行前，应先启动潜油泵，待油压上升后才能通冷却水。

在运行中要保证油压大于水压，其压力差应不小于 49kPa。

对于强迫油循环冷却方式的变压器，冷却系统的供电电源应有两个。正常时，一个供电电源为工作状态，另一个为备用状态。当工作电源发生故障时，备用电源能自动投入，以确保冷却器正常工作。当工作中的冷却器故障时，备用冷却器自动投入，以保证变压器冷却器的工作组数。当变压器所带的负荷增加时或油温超过 55℃时，辅助冷却器自动投入，加强变压器的冷却。强迫油循环风冷及强迫油循环水冷的变压器，当冷却系统发生故障，切除全部冷却器时（对于强油循环风冷变压器，指停止油泵及风扇；对强油循环水冷变压器指停止油泵及循环水），在额定负荷下允许的运行时间为 15～20min。若经过此时间，变压器的上层油温未达到 75℃，则变压器尚可继续运行，直至上层油温达到 75℃为止，但全部时间的延长不超过 1h。

对于油浸风冷式变压器，当冷却电源系统发生故障，全部风扇停止运转时，变压器允许带额定负荷运行的时间应遵守制造厂的规定。如制造厂无规定时，当上层油温低于 65℃时，可带额定负荷运行。

（5）变压器的并列运行。多台变压器并列，是指一、二次侧同名相对硬连接运行，它能够提高供电的可靠性，可根据负荷情况增减变压器并列台数，达到经济运行，有利于变压器定期检修。

并列运行必须：组别相同，电压比相等（允许相差±0.5%）、短路电压相等（允许相差±10%）、容量之比不大于 3，否则将产生过大环流，使变压器过载、甚至烧坏，特殊情况应进行实际计算。

变压器在初次（如新投入、绕组更新或修复后）并列运行前，必须经过定相，证明相位一致方可并列。

（6）变压器调压装置运行。对于无励磁调压变压器，在变换分接头时应对分接开关正反方向各转动五周，以便消除触头上的氧化膜及油污，同时注意分接头开关位置正确。变换分接开关后应测量线圈直流电阻。分接开关操作手柄应用定位销、定位螺丝等锁住，并对分接变换情况做好记录。

对于有载调压变压器，运行人员应根据下达给变电站的电压曲线，充分发挥有载调压的作用，在运行中及时地做出适当的调整，以保证电压质量。在调整分接头开关时应注意，每次调整只改变一档，每两次调整之间至少间隔 1min。禁止不停顿地调整分接开关位置，防止其接触不良造成事故。若在调整中出现滑档现象（即人为不能控制调整），应立即断开其操作电源。有多台变压器的变电站，应采取同期调整的办法，防止其中一台变压器过负荷。变压器在过负荷时，一般不应调整其分接开关。每次调整后应检查其动作次数、计数器是否正确动作。

（7）吸湿器和净油器运行。吸湿器在安装时注意把下罩上的密封胶垫拆除，并在罩内注入绝缘油进行油封。

吸湿器在运行中要注意，是否真正起到吸湿作用，油封中的油是否干枯，否则应加油。当吸湿器中的变色吸附剂的颜色由蓝色变成粉红色，应更换吸附剂。有时由于储油柜中的油位过高，当油温升高时，储油柜的油可能经吸湿器的管道往外溢出。

净油器不需要全年接在变压器上进行工作，一般夏季工作 1～2 个月，冬季工作 3～5 个月。工作时间的长短，取决于油的状态、吸附剂的活度和净油器的过滤阻力。净油器全年运行时间太长，将会使油过度净化，可能减少油内天然的抗氧化剂，使氧化以后的酸值更为增加。停运净油器，可关闭它与变压器之间的阀门。

净油器在更换过吸附剂或进行过检修工作后需投入时，要注意有可能引起瓦斯保护的动作而引起断路器跳闸。因此，在投入之前应申请停用重瓦斯保护跳闸压板，只接信号。投入净油器时，应先打开净油器下部的阀门，油由下部进入净油器，再打开净油器顶部的放气阀，让空气排出。当气门开始冒油时，说明净油器中的空气已排尽，应立即关闭放气阀，约 2h 后再排一次空气，让吸附剂和净油器的残存空气全部排出，再打开净油器的上部阀门，并检查气体继电器内有无空气。若有，则应将其放尽，再恢复投入重瓦斯保护的跳闸压板。

1.3.2　断路器

高压断路器是电力系统的重要设备之一，正常运行时，用它来倒换运行方式，把线路或设备接入电路或退出运行，起操作控制作用；当设备或线路发生故障时，能快速切除故障回路、保证无故障部分正常运行，能起保护作用。高压断路器具有熄灭电弧的装置，所以不但能断开正常的负荷电流，还能断开强大的短路电流。

1.3.2.1　电弧

（1）电弧的产生与持续。用断路器来切断电路时，只要电路中的电流大于 80～100mA，且开关的动、静触头在分离瞬间具有大于 10～20V 的电压。则触头间就会出现电弧。电弧具有导电性，只有将其熄灭，才能使电路真正切断。

当断路器跳闸触头刚断开时，触头间距离 S 很小，电场强度（$E=U/S$）很大，阴极产生强电子发射，电子在强电场作用下向阳极加速运动并产生碰撞游离，更多的电子产生更多的碰撞游离，电弧迅速加强并产生高温，电弧中又发生热游离和阴极的热电子发射。当触头距离拉大时，电场强度减小，主要是热游离和热电子发射起维持电弧的正效应；另一方面复合去游离和扩散去游离的作用是减弱电弧。当游离和去游离平衡时，维持电弧的稳定燃烧，当去游离强于游离时电弧将趋于熄灭。

（2）交流电弧的特性。随着正弦交流电流的周期性变化，交流电弧也将随之每半周过零一次。在电流自然过零前后，电流向弧隙输送的能量减少令电弧温度和热游离下降，电弧将自动熄灭。如果在电流过零时加强弧隙冷却等措施，使弧隙介质的绝缘能力达到不被弧隙间电压击穿的程度，则在下半周电弧就不会重燃而自动熄灭。因此，高压断路器中灭弧装置的灭弧原理，都是加强去游离，利用交流电弧电流过零这一有利时机，使电弧不再重燃，实现灭弧，从而真正断开电路。

（3）高压断路器熄灭交流电弧的基本方法。

a. 利用先进的灭弧介质。若断路器中使用的灭弧介质的传热能力越高，介电强度及热游离温度越高，热容量越大，就越不易产生电弧并且越容易灭弧。目前常用的介质为断路器油、SF_6 气体或采用真空方式。

b. 用特殊材料制作触头。特殊材料制作的触头可以减少热电子发射和电弧中的金属蒸气，常用铜铝合金或银钨合金制作触头。

c. 迅速拉长电弧。迅速拉长电弧可以加快介质绝缘强度恢复速度。提高断路器的分闸速度或采用多断口结构都可达到此目的。

d. 吹弧。利用气体或油流吹动电弧。使电弧拉长并冷却，增强复合去游离及扩散去游离，吹动的方式有纵吹和横吹等。

1.3.2.2 断路器的类型及其结构

（1）按照灭弧介质对断路器分类。

a. 油断路器。该断路器利用绝缘油做灭弧介质。油断路器又可分为多油式和少油式两类。多油断路器中的油不仅做灭弧介质，同时也兼做绝缘介质，因而用油量大，耗用钢材多，目前仅在 35kV 电压等级中采用。少油断路器中的油仅用来做灭弧介质，而不做绝缘介质，故用油量少，体积也小，耗用钢材少，广泛用于各级电压。

b. 空气断路器。该断路器利用压缩空气作为灭弧介质，同时也用来操作。

c. 六氟化硫断路器（SF_6）。以 SF_6 气体为绝缘介质的断路器，具有如下优点：开断能力强，允许连续开断次数较多，适用于频繁操作，噪声小，无火灾危险，机电磨损小等。是一种性能优异的"免维修"断路器，在高压电路中应用越来越多。

d. 真空断路器（见图 1-18）。其具有体积小、重量轻、适用于频繁操作、灭弧不用检修的优点，在配电网中应用较为普及，特别适用于要求无油化、少检修及频繁操作的使用场所，断路器可配置在中置柜、双层柜、固定柜中作为控制和保护高压电气设备用。

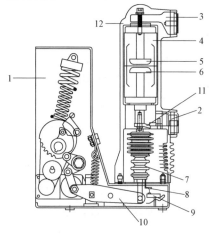

图 1-18 真空断路器

1—断路器壳体；2—下引出线；3—上引出线；
4—真空灭弧室；5—静触头；6—动触头；
7—碟簧；8—二次动触头；9—二次静触头；
10—连杆机构；11—软连接；12—绝缘筒

（2）断路器型号。第 1 部分产品字母代号，用下列字母表示：

S—少油断路器；D—多油断路器；K—空气断路器；L—SF_6 断路器；Z—真空断路器；Q—产气断路器；C—磁吹断路器。

第 2 部分装置地点代号：N—户内；W—户外。

第 3 部分设计系列顺序号：1、2、3…

第 4 部分额定电压：kV

第 5 部分其他补充工作特性标志：G：改进型；F：分相操作。

第 6 部分额定电流：A。

第 7 部分额定开断电流：kA。

第 8 部分特殊环境代号。

1.3.2.3 SF_6 断路器

（1）SF_6 的性质。SF_6 在常温下是无色、无臭、不燃、无毒气体，绝缘性能是空气的 2.5～3 倍，不会老化变质，比重约为空气的 5 倍，不溶于水和变压器油，不与氧、氮、铅及其化许多物质发生作用。在电弧中，弧柱导电率高，导热性能好；交流过零时，绝缘强度恢复比空气快 100 倍，因此易于熄弧。

SF_6 在电弧和电晕作用下，会产生有剧毒的低氟化物，能够引起绝缘和结构材料损坏，SF_6 分解受水分及电场不均匀影响很大，故要求其纯度高（新气要有合格证和生物试验无毒性报告）；在低温时易于液化，例如 $-40℃$，饱和蒸气压力为 259.89kPa（2.65kgf/cm）、故寒冷地区，要注意使用温度。

（2）灭弧原理。当触头断开时，在触头间会形成高压气流吹灭电弧，压力约 1～1.5MPa；正常时作为绝缘的压力较低约 0.3～0.5MPa，SF_6 气体在封闭系统中循环使用。断路器分闸时，触头带动活塞，压气形成高压吹弧；分闸完毕，压气停止，恢复低压，此种结构简单可靠，使用广泛。

（3）结构。SF_6 断路器组成部件包括：锅筒外壳的基座，传动系统、支持绝缘子，操作机构。灭弧室的动触头、绝缘喷嘴和压气活塞连在一起，由绝缘拉杆带动。分闸时，压气吹熄电弧，气体经静触头内孔和冷却器排入钢筒。钢筒内装有活性氧化铝 AL_2O_3 或分子筛，用以吸附在电弧作用下分解的低氟化物和水分。合闸时，操作机构带动的触头运动，压气经灭弧室绝缘筒上的四个长孔排出，减少合闸阻力。静触头一般制成管形、动触头为插座式，端部都有钨铜合金。绝缘喷嘴用耐高温耐腐蚀的聚四氟乙烯塑料制成。

（4）性能。SF_6 灭弧性能好，所以断口耐压高，同级电压所串断口比少油式或空气断路器少。SF_6 分解后可复合，不分解含碳等有害绝缘的物质，在严格控制水分情况下，生成物无腐蚀性，气体绝缘不下降，故允许断路次数多，检修周期长；无论开断大、小电流，灭弧均好。SF_6 导热率高，允许额定电流大；缺点是要求密封好，加工精度高，对水分及气体检测要求高。

1.3.2.4 运行维护

（1）断路器本体参数。

a. 额定电压 U_N，指正常工作线电压，它决定着各部绝缘距离，影响外形尺寸。

b. 额定电流 I_N，指长期允许通过的最大电流，它决定着触头和导电部分截面和结构。

c. 额定开断电流，指在额定电压下能断开的最大电流，它应大于设备安装地点的最大短路电流。

d. 额定遮断容量 S_{NO}，$S_{NO} = \sqrt{3} U_N I_{NO}$，我国 S_{NO} 有 15～25 000MVA 多种规格，它决定着灭弧装置的结构和尺寸。

e. 动稳定电流，指合闸位置时所能通过的最大短路电流，亦称极限通过电流，一般指短路电流第一周波峰值电流，不应引起任何机械损坏。铭牌上有峰值和有效值两种表示法。

f. 热稳定电流，指该电流在规定时间内引起的发热，保证不损坏所有元件，它表示断路器承受短路电流热效应的能力，以有效值表示。

g. 额定闭合短路电流，指该电流引起的电动力不致使闭合失败，形成持续电弧而损坏断路器或爆炸，以峰值表示。

h. 合闸时间，指断路器从接到合闸命令（合闸线圈通电）起，到主触头刚接触止的一段时间称为合闸时间。断路器应满足自动重合闸循环，即：分—0.3s—合分—180s—合分。

i. 快速断开时间，指接受分闸信号到断弧的时间，该时间越短越好。

j. 可靠分断的一些特殊情况，指在近距离故障、系统震荡时的反相故障以及发展性故障（分断小的短路电流故障尚未终了，突变为大的短路电流故障）等故障时，能可靠分断；分断空载长线、空载变压器、电容器组、高压电动机等，不致引起危及绝缘的过电压。

k. 机械寿命及电寿命，指根据标准，允许空载分合次数应达 1～2 个循环（1050～2100 次合、分闸操作）；电寿命是指连续分、合短路电流或负载电流的次数。

l. 耐自然环境的性能，指可以承受海拔高度、环境温度、湿度、风力、大雨、污秽、地震以及湿热地区、干热地区等影响的能力。

（2）操动机构参数。

a. 电磁式：配合断路器型式，分、合闸电压（一般直流 110V 或 220V）及其允许变动范围，分、合闸电流及其线圈电阻，所配合闸接触器及其熔断器，所配辅助开关及其容量，是否具备机械或跳闸线圈的"防跳"措施（防止合闸在故障时意外地反复分合闸）等。

b. 弹簧式：配用断路器型式，分、合闸线圈电流、电压，储能电动机规格，辅助触点数和容量，是否配失压和过流脱扣线圈及其参数（失压线圈当电压低于 35%额定电压应无误释放，85%以上应无误将铁芯吸合）。

c. 液压式：分、合闸线圈电压、电流，线圈电阻，油泵电动机规格，额定预压力，各辅助触点功能，电气控制原理图。

（3）断路器运行要求。

a. 每年对断路器安装地点的母线短路电流与断路器的额定短路开断电流进行一次校核。断路器的额定短路开断电流接近或小于安装地点的母线短路电流，在开断短路故障后，禁止强送，并停用自动重合闸，严禁就地操作。

b. 当断路器开断额定短路电流的次数比其允许额定短路电流开断次数少一次时，应向值班调控人员申请退出该断路器的重合闸。当达到额定短路电流的开断次数时，申请将断路器检修。

c. 应按相累计断路器的动作次数、开断故障电流次数和每次短路开断电流。

d. 断路器允许开断故障次数应写入变电站现场专用规程，油断路器切除短路电流跳闸达到一定次数，应进行额外的检修。一次检修之后允许的故障跳闸次数和断路器装设地点的最大短路容量与断路器的断流容量的比值有关（见表 1–11）。达到允许事故遮断次数的断路器，应停电进行检修。未及时检修时，应停用重合闸。SF_6 断路器不受上述限制。

表 1－11　　　　　　　　　　　断路器一次检修后容许的故障跳闸次数

断路器装设地点最大短路容量与 断路器断流容量之比/%	断路器不检修允许的故障 跳闸次数/次
>100	近区故障时为 1 次，远区故障且 外部正常时为 3 次
80～100	4
60～80	6
30～60	8
<30	10

e. 断路器应具备远方和就地操作方式。

f. 断路器应有完整的铭牌、规范的运行编号和名称，相色标志明显，其金属支架、底座应可靠接地。

g. 户外安装的 SF_6 密度继电器（压力表）应设置防雨罩，防雨罩应能将表、控制电缆接线端子一起放入，防止指示表、控制电缆接线盒和充放气接口进水受潮。

h. 对于不带温度补偿的 SF_6 密度继电器（压力表），应对照制造厂提供的温度/压力曲线，与相同环境温度下的历史数据进行比较分析。

i. SF_6 密度继电器应装设在与断路器本体同一运行环境温度的位置，以保证其报警、闭锁接点正确动作。

j. 压力异常导致断路器分、合闸闭锁时，不准擅自解除闭锁进行操作。SF_6 密度继电器（压力表）应定期校验。

k. 高寒地区 SF_6 断路器应采取防止 SF_6 气体液化的措施。

l. 绝缘子爬电比距应满足所处地区的污秽等级，不满足污秽等级要求的应采取防污闪措施。

m. 定期检查断路器金属法兰与瓷件的胶装部位防水密封胶的完好性，必要时重新复涂防水密封胶。

n. 未涂防污闪涂料的瓷套管应坚持"逢停必扫"，已涂防污闪涂料的瓷套管应监督涂料有效期限，在其失效前应复涂。

（4）操动机构运行要求。

a. 液压（气动）操动机构的油、气系统应无渗漏，油位、压力符合厂家规定。

b. 并联合闸脱扣器在合闸装置额定电源电压的 85%～110% 范围内，应可靠动作；并联分闸脱扣器在分闸装置额定电源电压的 65%～110%（直流）或 85%～110%（交流）范围内，应可靠动作；当电源电压低于额定电压的 30% 时，脱扣器不应脱扣。在使用电磁机构时，合闸电磁铁线圈通流时的端电压为操作电压额定值的 80%（关合峰值电流等于或大于 50kA 时为 85%）是应可靠动作。

c. 弹簧操动机构手动储能与电动储能之间联锁应完备，手动储能时必须使用专用工具，手动储能前，应断开储能电源。

d. 空压机及储气罐等联接管路的阀门位置正确，运行中的空压机排气、排水阀门应关闭，其他手动阀门应正常开启。

e. 未加装气水分离装置的气动操动机构应每周手动排水，当发现有油污排出时，应联系检修人员检修。

f. 液压（气动）机构每天打压次数应不超过厂家规定。如打压频繁，应联系检修人员处理。

1.3.3 隔离开关

在电气主接线中，隔离开关的数量最多，它本身的工作原理和结构比较简单，但它对配电装置的设计（投资、占地面积）和运行（安全、检修、维护）都有很大影响，隔离开关的工作主要特点就是在有电压无电流情况下进行分合闸操作。

1.3.3.1 隔离开关主要作用

（1）隔离电源。隔离开关能将停电的设备与带电部分明显的可靠地隔离，按不同电压，其断口要有足够的绝缘距离，以确保工作人员安全。

（2）分合无阻抗的并联支路。

a. 在双母线上将设备从接于一组母线上倒换到另一组母线上去。

b. 当断路器在合闸位置，分、合与其并列的旁路隔离开关。

（3）接通和断开小电流的电路。

a. 分、合电压互感器和避雷器及系统无接地的消弧线圈和中性点接地线。

b. 分、合空载母线及连接于母线上的设备。

c. 分、合电容电流不超过 5A 的空载线路，线路有接地时除外。

d. 分、合励磁电流不超过 2A 的空载变压器。

e. 分、合 10kV 以下、15A 以内的负荷电流以及 10kV 以下、70A 以内的环流。

1.3.3.2 隔离开关的型号

隔离开关按照装设地点分为屋内式和屋外式；按绝缘支柱数目分为单柱式、双柱式、三柱式；按闸刀运动方式分为水平旋转式、垂直旋转式、摆动式、插入式；按有无接地闸刀分为单接地闸刀、双接地闸刀和无接地闸刀。

例如：GN6 – 10/400

第 1 部分隔离开关：G—隔离开关，F—负荷闸刀。

第 2 部分使用场所：W—户外，N—户内。

第 3 部分产品设计序号：1、2、4、5、…

第 4 部分电压等级：6kV、10kV、20kV、…

第 5 部分额定电流：200A、400A、630A、…

1.3.3.3 运行维护

（1）参数。

a. 额定电压，指正常工作线电压，它决定着各部绝缘距离，影响外形尺寸。

b. 额定电流，指隔离开关可以长期通过的最大工作电流，隔离开关长期通过额定电流时，其各部分的发热温度不超过允许值。它决定着触头和导电部分的材质、形状、大小等。

c. 动稳定电流，指隔离开关承受冲击短路电流所产生电动力的能力，是生产厂家在设计制造时确定的，一般以额定电流幅值的倍数表示。

（2）隔离开关运行要求。

a. 隔离开关应满足装设地点的运行工况，在正常运行和检修或发生短路情况下应满足安全要求。

b. 隔离开关和接地开关所有部件和箱体上，尤其是传动连接部件和运动部位不得有积水出现。

c. 隔离开关应有完整的铭牌、规范的运行编号和名称，相序标志明显，分合指示、旋转方向指示清晰正确，其金属支架、底座应可靠接地。

d. 隔离开关导电回路长期工作温度不宜超过 80℃。

e. 隔离开关在合闸位置时，触头应接触良好，合闸角度应符合产品技术要求。

f. 隔离开关在分闸位置时，触头间的距离或打开角度应符合产品技术要求。

（3）绝缘子和操动机构运行要求。

a. 绝缘子爬电比距应满足所处地区的污秽等级，不满足污秽等级要求的应采取防污闪措施。

b. 定期检查隔离开关绝缘子金属法兰与瓷件的胶装部位防水密封胶的完好性，必要时联系检修人员处理。

c. 未涂防污闪涂料的瓷质绝缘子应坚持"逢停必扫"，已涂防污闪涂料的绝缘子应监督涂料有效期限，在其失效前复涂。

d. 隔离开关与其所配装的接地开关间有可靠的机械闭锁，机械闭锁应有足够的强度，电动操作回路的电气联锁功能应满足要求。

e. 接地开关可动部件与其底座之间的铜质软连接的截面积应不小于 50mm²。

f. 隔离开关电动操动机构操作电压应在额定电压的 85%～110%。

g. 隔离开关辅助接点应切换可靠，操动机构、测控、保护、监控系统的分合闸位置指示应与实际位置一致。

h. 同一间隔内的多台隔离开关的电机电源，在端子箱内应分别设置独立的开断设备。

i. 操动机构箱内交直流空开不得混用，且与上级空开满足级差配置的要求。

1.3.4 电压互感器

互感器分电压和电流互感器，原理如同电力变压器。其用途为：与仪表和继电器配合，测量高压电路的电流、电压、电能等参数和保护过电流、过电压等故障；隔离高压电路，保障工作人员与设备安全。其二次侧额定值统一，利于二次设备的标准化。

1.3.4.1 原理和结构

（1）原理。电压互感器经常采用不同分压方式，取某部分电压输入一个小中间变压器的一次侧，经电磁感应输出统一标准的二次侧电压，用于很小负载（测量及继电保护），以保证在一定容量范围内的电压变换误差不超出允许值，故二次侧相当于空载运行。三相系统的电压互感器二次侧线电压，一般为100V。

（2）结构。

a. 单相电磁串级式电压互感器。单相电磁串级式互感器结构如图1-19所示。口字型铁芯上、下柱分绕两部分线匝相等的绕组，其内侧绕平衡绕组，下铁芯柱绕组外侧绕基本二次绕组和辅助二次绕组，铁芯对地经电木板绝缘。

下铁芯柱的一次侧绕组与上铁芯绕组各承受一半电压。铁芯连于绕组的中点 M，改善绕组对地对铁芯电位分布。当二次侧有负载时，产生磁通 ϕ_2，除通过铁芯的主要部分外，其漏磁通基本上是对下柱绕组所键连的磁通去磁，故总的对下柱的去磁大于对上柱的去磁，这时在平衡绕组中，由于上、下柱磁通不等，产生了平衡电流 i_{BL} 及磁通 ϕ_{BL}，而使上、下柱磁通趋于相等，如同空载。上、下柱一次绕组仍各承受一半的电压，可减少测量误差。

b. 电容式电压互感器。电容式电压互感器原理接线如图1-20所示，主电容 C_1 可兼作载波耦合电容，电容分压器上电压 $U_2 = \left(\dfrac{C_1}{C_2} + C_2 \right) U$，一般为10～15kV。电感 L 用以补偿电容容抗，调整并稳定二次电压，保证测量准确性。辅助绕组还接有阻尼电阻 R_B，用以抑制当电压过峰值短路时，由于中间互感器的分布电容与电感产生的高次谐波。

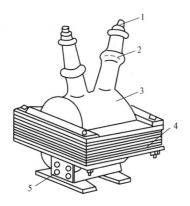

图1-19　电压互感器

1—一次接线端子；2—高压绝缘套管；3—二次绕组；

4—铁芯；5—二次接线端子

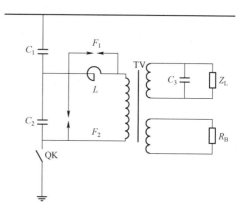

图1-20　电容式电压互感器原理接线图

C_1—电容分压器主电容；C_2—电容分压器分压电容；

L—补偿电抗器电感；R_B—阻尼电阻；F_1、F_2—保护间隙；

TV—电磁式电压互感器；QK—接地闸刀；

C_3—提高功率因素用的补偿电容

电容式比串级式容量小，价格较便宜，能有效地抑制电网中的铁磁谐振现象，例如电磁式电压互感器与少油式断路器的断口电容或空母线电容等形成的谐振；但电网故障时，二次电压变化暂态过程略慢于电磁式电压互感器，应考虑对快速保护动作的影响。

c. 电压抽取装置。电压抽取装置用于电网中，主要为检查同期、检查无压重合闸及其他继电保护提供电压信号，并协同载波耦合装置进行载波通信。其结构与电容式电压互感器类似，但容量更小。

1.3.4.2 运行维护

（1）电压互感器参数。

a. 变比及额定电压。变比为：

$$K_U = U_{1N} / U_{2N} \qquad (1-15)$$

式中　U_{1N}，U_{2N}——分别为一、二次额定电压。

主变压器中性点直接接地的大电流接地网中，电压互感器基本和辅助绕组的二次额定电压为 $100\sqrt{3}$ 和 100V。

b. 误差、等级、容量。变比误差 ΔU 为二次侧测得归算后，一次电压 $K_U U_2$ 与一次电压实际值 U_1 之差，对一次电压实际值的百分比，即：

$$\Delta U = \left(\frac{K_U U_2 - U_1}{U_1} \right) \times 100\% \qquad (1-16)$$

误差的大小主要与二次负载及其功率因数相关。

规定以误差数额表示等级，等级限定了容量。

例如 0.5 级 150VA，即负载不大于 150VA，可保证误差不大于 0.5%。

c. 组别和极性。一般为 12 组连接。按减极性标出，A—a，X—x 对应。一、二次电压相量图上，箭头指向"A"和"a"。Y/Y/Δ 联接的二次绕组供测量及保护，第三绕组（开口三角形）供发接地信号和接消谐装置用。

（2）电压互感器运行要求。

a. 电压互感器在额定容量下允许长期运行。在 110kV 及以上电压互感器一次侧一般不装熔断器，因为这一类互感器采用单相串级式，绝缘强度高，发生事故的可能性比较小；又因 110kV 及以上系统，中性点一般采用直接接地，接地故障时瞬即跳闸，不会过电压运行；同时，在这样的电压电网中，熔断器的断流容量亦很难满足要求。在电压互感器的二次侧装设熔断器或自动空气开关，当电压互感器的二次侧及回路发生故障时，使之能快速熔断或切断，以保证电压互感器不遭受损坏及不造成保护误动。熔断器的额定电流应大于负荷电流 1.5 倍，运行中不得造成二次侧短路。

b. 电压互感器（含电磁式和电容式电压互感器）允许在 1.2 倍额定电压下连续运行。中性点有效接地系统中的互感器，允许在 1.5 倍额定电压下运行 30s。中性点非有效接地系统中的电压互感器，在系统无自动切除对地故障保护时，允许在 1.9 倍额定电压下运行 8h；在系统有自动切除对地故障保护时，允许在 1.9 倍额定电压下运行 30s。

c. 在运行中若高压侧绝缘击穿，电压互感器二次绕组将出现高电压，为了保证安全，应将二次绕组的一个出线端，或互感器的中性点直接接地，防止高压窜至二次侧对人身和设备的危险。根据安全要求，如在电压互感器的本体上，或者在其底座上进行工作.不仅要把互感器一次侧断开，而且还要在互感器的二次侧有明显的断开点，避免可能从其他电压互感器向停电的二次回路充电，使一次侧感应产生高电压，造成危险。

d. 油浸式电压互感器应装设油位计和吸湿器，以监视油位和减少油免受空气中水分和杂质的影响。凡新装的油浸式电压互感器都应采用全密封式的，凡有渗漏油的，应及时处理或更换。

e. 电压互感器的并列运行。在双母线中，如每组母线有一电压互感器而需要并列运行时，必须在母线联络回路接通的情况下进行。

f. 启用电压互感器时，应检查绝缘是否良好，定相是否正确，外观、油位是否正常，接头是否清洁。

g. 停用电压互感器时，应先退出相关保护和自动装置，断开二次侧自动空气开关，或取下二次侧熔断器，再拉开一次侧隔离开关，防止反冲电。记录有关回路停止电能计量时间。

h. SF$_6$电压互感器投运前，应检查电压互感器无漏气，SF$_6$气体压力指示与制造厂规定相符，三相气压应调整一致。密度继电器应便于运维人员观察，防雨罩应安装牢固，能将表、控制电缆接线端子遮盖。

1.3.5　电流互感器的运行

1.3.5.1　原理和结构

（1）原理。电流互感器原理如同变压器。其一次侧串联于电网的一次电路中，二次侧负载很小，近似短路下工作。

（2）结构。一次绕组通过大电流，截面较大，有单匝与多匝之分。铁芯可以是一个或多个，以构成相应的二次侧。二次侧绕组可以是多个且匝数较多，供测量和保护用。

a. 套管式。二次绕组绕在圆形铁芯上，装入油断路器或变压器的引出线套管中，其引线导电杆即为电流互感器（简称变流器）的一次侧。套管绝缘为一、二次间的主绝缘。二次侧有不同变比分接头，此种电流互感器结构简单、经济、容量较小。

b. 户外型。户外型互感器的一次绕组与铁芯贯连成8字形，分为匝数相同的两组，可串联或并联，以获得两个变比。其顶部有小击穿式避雷器，防止过电压危害绕组的绝缘。二次绕组可构成2~4个独立输出。箱底上有放油塞供取油。油扩张器内有油保护膜，以免油受空气氧化。一次绕组的一端用小瓷套管对铁帽绝缘，而另一端与其相通使铁帽带电。

为防止互感器受潮引起的爆炸事故，厂家已生产出带金属膨胀器的微正压全封闭型产品。

c. 串级式。串级式是由两个中间电流互感器串联而成，每一级两绕组间只承受对地电压的一半，可节约材料，但误差因级的增加而加大。

d. 瓷箱式电容型绝缘电流互感器。电容式结构其原理与电容式套管类似。一次绕组线芯呈U形，其外包绝缘分若干层绕成纺锤形，层间有电容屏，最内屏（零屏）与线芯相连，最外屏（地屏）接地，构成一个圆筒形的电容器串，层间电压分布均匀，以节约绝缘材料。

1.3.5.2 运行维护

（1）参数。

a. 变比及额定电流。变比 K_1 为一、二次额定电流 I_N、I_{2N} 之比，即：

$$K_1 = I_{1N}/I_{2N} \qquad (1-17)$$

一般作成匝数比 $K_N = U_2/U_1$ 小于 K_1，以减少测量误差。

二次侧额定电流一般为 5A，也有 1A 的。三次绕组带有分接头；一次绕组也可接为并联或串联，以改变变比。

b. 变比误差和等级。变比误差（ΔI）是二次侧电流 I_2 乘以变比 K_1 减去用标准电流互感器测得之一次电流 I_2，对一次电流之比，即：

$$\Delta I = \left(\frac{K_1 I_2 - I_1}{I_1} \right) \times 100\% \qquad (1-18)$$

等级是在一定的二次负载和一次额定电流的条件下确定的。误差数与等级数对应，例如误差 0.5%，定为 0.5 级。

10% 误差用于保护装置，它是在一定的负载和电流对额定电流的倍数下确定的。可按产品的电流倍数和负载阻抗关系曲线查出。有时，为了减少误差，可用两个同型电流互感器的一、二次侧绕组分别串联。此时，变比不变，容量也增大 1 倍。

c. 极性和接线。一般按减极性表示，一、二次侧端子标号对应，即一次侧电流 I_1 由 X_1 进 X_2 出，对应二次侧电流 I_2 为由 X_1 出流回 X_2，I_1、I_2 在相量图上指同一方向。

接线有两相 V 接和差接，三相 Y 接和 △ 及零序连接。

（2）电流互感器运行要求。

a. 电流互感器的负荷电流，对独立式电流互感器应不超过其额定值的 110%，对套管式电流互感器，应不超过其额定值的 120%（不宜超过 110%），如长时间过负荷，会使测量误差加大、绕组过热或损坏。

b. 电流互感器的二次绕组在运行中不允许开路，因为出现开路时，将使二次电流消失。这时，全部一次电流都成为励磁电流，使铁芯中的磁感应强度急剧增加，其有功损耗增加很多，因而引起铁芯和绕组绝缘过热，甚至造成互感器的损坏。此外，由于磁通很大，在二次绕组中感应产生一个很大的电动势，这个电动势在故障电流作用下，可达数千伏。因此，无论对工作人员还是对一次回路的绝缘都是很危险的，在运行中要格外注意。

c. 油浸式电流互感器，应装设油位计和吸湿器，以监视油位和减少油受空气中的水分和杂质影响。

d. 电流互感器的二次绕组，至少应有一个端子可靠接地，防止电流互感器主绝缘故障或击穿时，二次回路上出现高电压，危及人身和设备的安全。但为了防止二次回路多点接地造成继电保护误动作。对电流差动保护等交流二次回路的每套保护只允许有一点接地，接地点一般设在保护屏上。

1.3.6　电容器

1.3.6.1　电容器种类

（1）并联电容器。并联电容器有高压和低压、三相和单相、户内和户外之分。浸渍剂有油质和十二烷基苯等。

并联电容器的电容元件由一定厚度及层数的介质（如聚丙烯薄膜或油浸电容纸）和两块极板（通常为铝箔）卷成一定圈数后，压扁而成。低压电容器由电容元件并联，高压电容器为并串联，以提高容量和耐压水平，外壳用金属以利散热。有的每个内部元件接一熔断器保护。当一个元件被击穿，其他元件对其放电，将熔断器熔断，电容器仍可继续运行。

除单个电容器外，还有密集型电容器，它由箱壳、器身和放电线圈组成。器身在箱壳内，根据不同电压和容量要求，由若干电容器单元连接成需要的电气连接，经箱盖上的出线套管引出。每个元件内有熔断器。2 个放电线圈的一次线圈与电容器单元的 2 个串联节段并接，当电容器从电源脱开后，能使电容器上的剩余电荷在 20s 内自 $\sqrt{2}U_x$（额定电压）降到 50V 以下。同时，可利用放电线圈的二次线圈做成内部故障时的电压差动保护。

（2）交流滤波电容器。交流滤波电容器主要用于交流滤波器的调谐支路中，形成对高次谐波的通路，从而滤去系统高次谐波电流（按某次谐波设计额定参数）；还可用于系统谐波电流较大的并联补偿装置中，提高功率因数。

交流滤波电容器结构同并联电容器。

（3）串联电容器。串联电容器串联于高压输电线中，补偿线路阻抗，改善电压质量，提高输出功率和系统动态、静态稳定。它由芯子和外壳组成，芯子由若干电容器纸（或薄膜）与铝箔卷制的元件并联而成，每个元件装有单独熔断器保护。外壳的盖上有两只 6kV 级的出线套管。

（4）耦合电容器。耦合电容器用于工频高压及超高压输电线路载波通信系统，同时，也可作测量、控制和保护以及电压抽取装置中的部件。

耦合电容器由芯子、外壳，膨胀器等组成，芯子由电容器纸（或薄膜）和铝箔卷成的元件串联而成。外壳由瓷套筒、钢板底座和盖组成，上下盖端及注油寒用耐油胶垫密封。

（5）断路器电容。断路器电容并联于高压工频交流多断口断路器断口上，在分合闸时，使各断口承受电压均等，以利熄灭电弧。

断路器电容由芯子、外壳（瓷套）、膨胀器等组成。芯子由若干单电容元件串联而成。膨胀器用薄磷铜板或不锈钢制成，用以补偿油体积随温度的变化。

1.3.6.2　并联电容器运行

（1）参数。无功功率和电容：无功功率和电容的换算式为：

$$Q_C = 2\pi f C U^2 \qquad (1-19)$$

式中 Q_C ——无功功率，var；

f ——频率，Hz。

电容器合闸涌流很大，会产生很大的电动力，故各电容器引至公共汇接母线时，需用软线作柔性连接，防止电动力损坏套管，引起螺杆脱扣，损坏密封渗油。电气及接地回路中接触应良好，避免可能产生高频振荡电弧，以免使电容器工作电场强度增高和发热。要注意环境和通风良好。

（2）电容器型号，例如：BFMr11-100-3W。

第 1 部分系列：B—并联电容器。

第 2 部分液体介质：F—二芳基乙烷；A—苄基甲苯（适应寒冷低温地区）。

第 3 部分固体介质：M—全膜介质。

第 4 部分设号：R—放电电阻；r—内熔丝。

第 5 部分第一特征号（额定电压）：kV。

第 6 部分第二特征号（额定容量）：kvar。

第 7 部分第三特征号（相数）：1：单相；3：三相。

第 8 部分尾注号：W—户外式（无尾注号表示户内式）；h—横放，G—高原型。

（3）运行维护。

a. 并联电容器组新装投运前，除各项试验合格并按一般巡视项目检查外，还应检查放电回路、保护回路、通风装置完好。构架式电容器装置每只电容器应编号，在上部 1/3 处贴 45~50℃试温蜡片。在额定电压下合闸冲击 3 次，每次合闸间隔时间 5min，应将电容器残留电压放完时方可进行下次合闸。

b. 并联电容器组放电装置应投入运行，断电后在 5s 内应将剩余电压降到 50V 以下。

c. 运行中的并联电容器组电抗器室温度不应超过 35℃，当室温超过 35℃时，干式三相重叠安装的电抗器线圈表面温度不应超过 85℃，单独安装不应超过 75℃。

d. 并联电容器组外熔断器的额定电流应不小于电容器额定电流的 1.43 倍选择，并不宜大于额定电流的 1.55 倍。更换外熔断器时应注意选择相同型号及参数的外熔断器。每台电容器必须有安装位置的唯一编号。

e. 电容器引线与端子间连接应使用专用线夹，电容器之间的连接线应采用软连接，宜采取绝缘化处理。

f. 室内并联电容器组应有良好的通风，进入电容器室宜先开启通风装置。

g. 电容器围栏应设置断开点，防止形成环流，造成围栏发热。

h. 电容器室不宜设置采光玻璃，门应向外开启，相邻两电容器的门应能向两个方向开启。电容器室的进、排风口应有防止风雨和小动物进入的措施。

i. 室内布置电容器装置必须按照有关消防规定设置消防设施，并设有总的消防通道，应定期检查设施完好，通道不得任意堵塞。

j. 吸湿器（集合式电容器）的玻璃罩杯应完好无破损，能起到长期呼吸作用，使用变色硅胶，罐装至顶部 1/6～1/5 处，受潮硅胶不超过 2/3，并标识 2/3 位置，硅胶不应自上而下变色，上部不应被油浸润，无碎裂、粉化现象。油封完好，呼或吸状态下，内油面或外油面应高于呼吸管口。

k. 非密封结构的集合式电容器应装有储油柜，油位指示应正常，油位计内部无油垢，油位清晰可见，储油柜外观应良好，无渗油、漏油现象。

l. 注油口和放油阀（集合式电容器）阀门必须根据实际需要，处在正确位置。指示开、闭位置的标志清晰、正确，阀门接合处无渗漏油现象。

m. 系统电压波动、本体有异常（如振荡、接地、低周或铁磁谐振），应检查电容器固件有无松动，各部件相对位置有无变化，电容器有无放电及焦味，电容器外壳有无膨胀变形。

n. 对于接入谐波源用户的变电站电容器，每年应安排一次谐波测试，谐波超标时应采取相应的消谐措施。

o. 电容器允许在额定电压±5%波动范围内长期运行。电容器过电压倍数及运行持续时间如表 1-12 规定执行，尽量避免在低于额定电压下运行。

表 1-12　　　　　　　　　　电容器过压倍数及运行持续时间

过电压倍数（U_g/U_n）	持续时间	说　　明
1.05	持续	
1.10	每 24h 中 8h	
1.15	每 24h 中 30min	系统电压调整与波动
1.20	5min	轻荷载时电压升高
1.30	1min	

p. 并联电容器组允许在不超过额定电流的 30% 的运行情况下长期运行。三相不平衡电流不应超过 5%。

1.3.7　电抗器

电抗器接于电网中，其用途有：限制短路电流，补偿电容电流，与电容器耦合组成静止补偿装置，滤波装置，高频阻波器等。

1.3.7.1　电抗器类型

（1）空芯电抗器。空芯电抗器是用铝（或铜）电缆绕于空芯水泥支架上构成。

（2）带铁芯电抗器。消弧线圈是带铁芯电抗器的一种，其结构与一般变压器相似，为户外油浸自冷式，有贮油柜、玻璃油位计、信号温度计、气体继电器，信号线圈为 110V、10A，还附有二次为 5A 的电流互感器。35kV 以下消弧线圈，分接开关有 5 个位置可调。

1.3.7.2 电抗器运行

（1）参数：

a. 额定持续电流 I_N，通过绕组的端子，电抗器能够持续承担的额定频率电流。除非另有说明，中性点接地电抗器规定无额定持续电流。

b. 额定短时电流 I_{KN}，在规定的时间内，通过电抗器的短时电流稳态分量的方均根值，在此电流下电抗器不得有异常的发热和机械应力。

c. 额定短时电流的持续时间，电抗器设计的额定短时电流持续时间。

d. 额定阻抗 Z_N，在额定频率和额定短时电流下规定的阻抗，用每相欧姆值表示。对三相限流电抗器或单相电抗器的三相组，其阻抗为三个相电抗的平均值。

注：三相限流电抗器或单相电抗器的三相组，其相间的磁性耦合将造成与每相实际表现的阻抗与上面定义的额定阻抗值不同。如果耦合因数小于 5%，此差异实际上并不重要。

（2）电抗器参数，以 CKSC－150/10－5 为例说明。

第 1 部分系列：C—串联。

第 2 部分液体介质：K—电抗器。

第 3 部分固体介质：S—三相；D—单项。

第 4 部分固体介质：C—环氧浇注；G—浸渍式。

第 5 部分第一特征号（额定容量）：150kvar。

第 6 部分第二特征号（额定电压）：10kV。

第 7 部分第三特征号（电抗值）：5%。

（3）电抗器运行维护。

a. 电抗器送电前必须试验合格，各项检查项目合格，各项指标满足要求，并经验收合格，方可投运。

b. 电抗器应满足安装地点的最大负载、工作电压等条件的要求。正常运行时，串联电抗器的工作电流应不大于其 1.3 倍的额定电流。

c. 电抗器存在较为严重的缺陷（如局部过热等）或者绝缘有弱点时，不宜超额定电流运行。

d. 电抗器应接地良好，本体风道通畅，上方架构和四周围栏不应构成闭合环路，周边无铁磁性杂物。

e. 电抗器的引线安装，应保证运行中一次端子承受的机械负载不超过制造厂规定的允许值。

f. 具备告警功能的铁心电抗器，温度高时应能发出"超温"告警信号。

（4）消弧线圈运行维护。

a. 消弧线圈控制屏交直流输入电源应由站用电系统、直流系统独立供电，不宜与其他电源并接，投运前应检查交直流电源正常并确保投入。

b. 中性点经消弧线圈接地系统，应运行于过补偿状态。

c. 中性点位移电压不得超过 $15\%U_n$（U_n 为系统标称电压除 $\sqrt{3}$ ），中性点电流应小于 5A。

  d. 中性点位移电压小于 $15\%U_n$（U_n 为系统标称电压除 $\sqrt{3}$）时，消弧线圈允许长期运行。

  e. 接地变压器二次绕组所接负荷应在规定的范围内。

  f. 并联电阻投入超时跳闸出口应退出。

  g. 控制器正常应置于"自动"控制状态。

  h. 带有自动调整控制器的消弧线圈，脱谐度应调整在 5%～20%。

  i. 运行中，当两段母线处于并列运行状态时，所属的两台消弧线圈控制器（或一控二的单台控制器）应能识别，并自动将消弧线圈转入主、从运行模式。

配网系统常见继电保护原理

2.1 线路相间短路的电流保护

2.1.1 瞬时电流速断保护

2.1.1.1 工作原理

对于图 2-1 所示单侧电源的辐射形电网，电流保护装设在线路始端，当线路发生三相短路或两相短路时，短路电流计算如下：

$$I_k^{(3)} = K_\varphi \frac{E_\varphi}{X_s + X_k} \qquad (2-1)$$

式中　K_φ——短路类型系数，三相短路取 1，两相短路取 $\sqrt{3}/2$；

　　　E_φ——系统等效电源的相电动势；

　　　X_s——系统电源到保护安装点的电抗；

　　　X_k——短路电抗（保护安装点到短路点的电抗）。

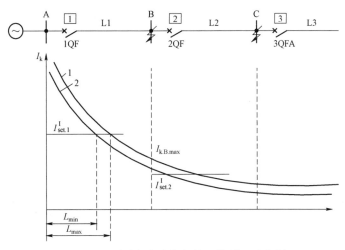

图 2-1　瞬时电流速断保护工作原理示意图

$(X_s + X_k)$ 为电源至短路点之间的总电抗。当短路点距离保护安装点越远时，X_k 越大，短路电流越小；当系统电抗大时，短路电流越小；而且短路电流与短路类型有关，同一点 $I_k^{(3)} > I_k^{(2)}$。短路电流与短路点的关系如图 2-1 中的 $I_k = f(L)$ 曲线，曲线 1 为最大运行方式（系统电抗为 $X_{s.min}$，短路时出现最大短路电流）下三相短路故障时的 $I_k = f(L)$，曲线 2 为最小运行方式（系统电抗为 $X_{s.max}$，短路时出现最小短路电流）下两相短路故障时的 $I_k = f(L)$。

瞬时电流速断保护反应线路故障电流增大而动作，并且没有动作延时，所以必须保证只有在被保护线路上发生短路时才动作。例如图 2-1 的保护 1 必须只反应线路 L1 上的短路，而对 L1 以外的短路故障均不应动作。这就是保护的选择性要求，瞬时电流速断保护是通过对动作电流的合理整定来保证选择性的。

2.1.1.2 整定计算原则

为了保证瞬时电流速断保护动作的选择性，应按躲过本线路末端最大短路电流来整定计算。对于图 2-1 保护 1 的动作电流，应该大于线路 L2 始端短路时的最大短路电流。实际上，线路 L2 始端短路与线路 L1 末端短路时反映到保护 1 的短路电流几乎没有区别，因此，线路 L1 的瞬时电流速断保护动作电流的整定原则为：躲过本线路末端短路可能出现的最大短路电流，计算如下

$$I_{act.1}^{I} = K_{rel}^{I} I_{k.B.max}^{(3)} \qquad (2-2)$$

式中　$I_{act.1}^{I}$——线路 L1 瞬时电流速断保护的一次动作电流；

K_{rel}^{I}——瞬时电流速断保护的可靠系数，一般取 $K_{rel}^{I} = 1.2 \sim 1.3$；

$I_{k.B.max}^{(3)}$——最大运行方式下，线路 L1 末端（母线）发生三相短路时流过保护 1（即线路 L1）的短路电流。

2.1.1.3 构成

电流速断保护的单相构成原理接线如图 2-2 所示。过电流继电器接在电流互感器 TA 的二次侧，当流过继电器的电流大于其动作电流后，比较环节 KA 有输出。在某些特殊情况下还需要闭锁跳闸回路，以设置闭锁环节。闭锁环节在保护不需要闭锁时输出为 1，在保护需要闭锁时输出为零。当比较环节 KA 有输出并且不被闭锁时，与门有输出，发出跳闸命令的同时，启动信号回路 KS。

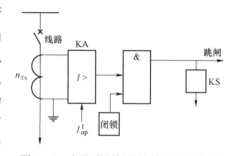

图 2-2　电流速断保护的单相原理接线

2.1.1.4 保护范围的校验

在已知保护的动作电流后，大于动作电流的短路电流对应的短路点区域就是保护范围。保护范围随运行方式、故障类型的变化而变化。在各种运行方式下发生各种短路时保护都能动作切除故障的短路点位置的最小范围称为最小保护范围。例如，保护 1 的最小保护范围为图 2-1 中直线 $I_{set.1}^{I}$ 与曲线 2 的交点的前面部分。最小保护范围在系统最小运行方式下两相短路时出现，一般情况下，应按该运行方式和故障类型来校验保护的最小范围，并且

要求大于被保护线路全长的15%～20%。

瞬时电流速断保护的优点是简单可靠、动作迅速,缺点是不可能保护线路的全长,并且保护范围直接受运行方式变化的影响。

2.1.2 限时电流速断保护

2.1.2.1 工作原理

如图2-3中所示的限时电流速断保护2,因为要求保护线路的全长,所以它的保护范围必然要延伸到下级线路中去。这样当下级线路出口处发生短路时,它就要动作,是无选择性动作。为了保证动作的选择性,就必须使保护的动作带有一定的时限,此时限的大小与其延伸的范围有关。如果它的保护范围不超过下级线路速断保护的范围,动作时限则比下级线路的速断保护高出一个时间阶梯 Δt (一般取0.5s)。如果与下级线路的速断保护配合后,在本线路末端短路时灵敏性不足,则此限时电流速断保护必须与下级线路的限时电流速断保护配合,动作时限比下级的限时速断保护高出一个时间阶梯,为1s。

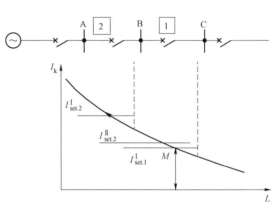

图2-3 限时电流速断动作特性

2.1.2.2 整定计算原则

(1)动作电流的整定。设图2-3所示系统保护1装有电流速断,其动作电流按式(2-2)计算后为 $I_{\text{set.1}}^{\text{I}}$,它与短路电流变化曲线的交点M即为保护1电流速断的保护范围。根据以上分析,保护2的限时电流速断范围不应超出保护1电流速断的范围。因此,它的动作电流应该整定为:

$$I_{\text{set.2}}^{\text{II}} > I_{\text{set.1}}^{\text{I}} \qquad (2-3)$$

引入可靠性配合系数 $K_{\text{rel}}^{\text{II}}$(一般取为1.1～1.2),则得:

$$I_{\text{set.2}}^{\text{II}} = K_{\text{rel}}^{\text{II}} I_{\text{set.1}}^{\text{I}} \qquad (2-4)$$

(2)动作时限的整定。限时速断的动作时限 t_2^{II} 应选择比下级线路速断保护的动作时限 t_1^{I} 高出一个时间阶梯 Δt,即

$$t_2^{\text{II}} = t_1^{\text{I}} + \Delta t \qquad (2-5)$$

2.1.2.3 构成

限时电流速断保护的单相原理接线如图2-4所示。它比电流速断保护接线增加了时间继电器KT,这样当电流继电器KA启动后,还必须经过时间继电器KT的延时 t_2^{II} 才能动作于跳闸。而如果在 t_2^{II} 以前故障已经切除,则电流继电器KA立即返回,整个保护随即复归原状,不会形成误动作。

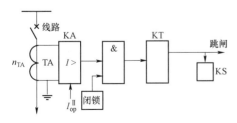

图2-4 限时电流速断保护的单相原理接线

2.1.2.4 灵敏性校验

为了能够保护本线路的全长,限时电流速断保护必须在系统最小运行方式下,线路末端发生两相短路时,具有足够的反应能力,这个能力通常用灵敏系数 K_{sen} 来衡量。对反应于数值上升而动作的过量保护装置,灵敏系数的含义是:

$$K_{sen} = \frac{保护区末端金属性短路时故障参数的最小计算值}{保护装置的动作参数值} \qquad (2-6)$$

为了保证在线路末端短路时,保护装置一定能够动作,要求 $K_{sen} \geqslant 1.3 \sim 1.5$。

2.1.3 定时限过电流保护

2.1.3.1 工作原理

为防止本线路主保护(电流速断、限时电流速断保护)拒动和下一级线路的保护或断路器拒动,装设定时限过电流保护作后备保护。过电流保护有两种:一种是保护启动后出口动作时间是固定的整定时间,称为定时限过电流保护;另一种是出口动作时间与过电流的倍数相关,电流越大,出口动作越快,称为反时限过电流保护。

2.1.3.2 整定计算原则

(1)动作电流的整定。为保证在正常情况下过电流保护不动作,保护装置的动作电流必须大于该线路上出现的最大负荷电流 $I_{L.max}$;同时还必须考虑在外部故障切除后电压恢复,负荷自启动电流作用下保护装置必须能够返回,其返回电流应大于负荷自启动电流。因此保护装置的动作电流为:

$$I_{set.3}^{\text{III}} = \frac{K_{rel}^{\text{III}} K_{ss}}{K_{re}} I_{L.max} \qquad (2-7)$$

式中 K_{rel}^{III} ——可靠系数,一般采用 1.15~1.25;

K_{ss} ——自启动系数,数值大于 1,应由网络具体接线和负荷性质确定;

K_{re} ——电流继电器的返回系数,一般采用 0.85~0.95。

由这一关系可见,当 K_{re} 越小时则保护装置的启动电流越大,因而其灵敏性就越差,这是不利的。这就是为什么要求过电流继电器应有较高的返回系数的原因。

(2)动作时限的整定。如图 2-5 所示,假定在每条线路首端均装有过电流保护,各保护的动作电流均按照躲开被保护元件上各自的最大负荷电流来整定。这样当 k1 点短路时,保护 1~5 在短路电流的作用下都可能启动,为满足选择性要求,应该只有保护 1 动作切除故障,而保护 2~5 在故障切除之后应立即返回。这个要求只有依靠使各保护装置带有不同的时限来满足。保护 1 位于电力系统的最末端,假设其过电流保护动作时间为 t_1^{III},对保护 2 来讲,为了保证 M 点短路时动作的选择性,则应整定其动作时限 $t_2^{\text{III}} > t_1^{\text{III}}$,即 $t_2^{\text{III}} = t_1^{\text{III}} + \Delta t$。

依次类推,保护 3、4、5 的动作时限均应比相邻元件保护的动作时限高出至少一个 Δt,只有这样才能充分保证动作的选择性。

这种保护的动作时限,经整定计算确定之后不再变化且和短路电流的大小无关,因此称为定时限过电流保护。

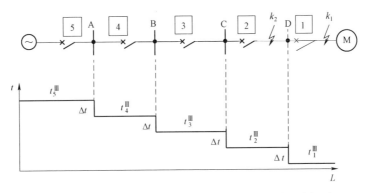

图 2-5 单侧电源放射形网络中过电流保护动作时限选择说明

2.1.3.3 构成

定时限过电流保护的构成和限时电流速断保护相同。

2.1.3.4 灵敏系数校验

过电流保护灵敏系数的校验仍采用式（2-6）。当过电流保护作为本线路的主保护时，要求 $K_{sen} \geqslant 1.3 \sim 1.5$；当作为相邻线路的后备保护时，要求 $K_{sen} \geqslant 1.2$。

2.1.4 阶段式电流保护

电流速断保护、限时电流速断保护和过电流保护都是反应电流升高而动作的保护。它们之间的区别在于按照不同的原则来选择动作电流：速断是按照躲开本线路末端的最大短路电流来整定；限时速断是按照躲开下级各相邻线路电流速断保护的最大动作范围来整定；而过电流保护则是按照躲开本元件最大负荷电流来整定。

由于电流速断不能保护线路全长，限时电流速断又不能作为相邻元件的后备保护，因此为保证迅速而有选择性地切除故障，常常将电流速断保护、限时电流速断保护和过电流保护组合在一起，构成阶段式电流保护。具体应用时，可以只采用速断保护加过电流保护，或限时速断保护加过电流保护，也可以三者同时采用。

2.1.5 反时限特性的电流保护

在阶段式动作特性的电流保护中，继电器动作具有继电特性，当流入过电流继电器中的电流大于整定的动作电流时，过电流继电器的触点瞬时闭合。为了有选择地、快速地切除靠近电源侧的短路，必须使用多个过电流继电器和时间继电器组成三段式保护回路，使用的继电器较多，并且短路点越靠近电源，过电流保护段动作时间越长。为克服上述缺点，可以采用动作时间与流过继电器中电流的大小有关的继电器。利用继电器的反时限动作特性，构成反时限过电流保护，当电流大时，保护的动作时限短，而电流小时动作时限长。

2.1.5.1 反时限动作特性

反时限过电流继电器的时限特性如图 2-6 所示。为了获得这一特性，在保护装置中广泛应用带有转动圆盘的感应型继电器和由静态电路、数值计算等构成的反时限继电器。此

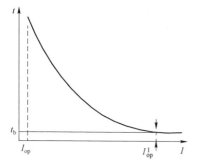

图 2-6　反时限过电流继电器时限特性

时电流元件和时间元件的职能由同一个继电器来完成，在一定程度下它具有如图 2-5 所示的三段式电流保护的功能，即近处故障时动作时限短，而远处故障时动作时限自动加长，可以同时满足速动性和选择性的要求。

对于图 2-6 所示的常规反时限特性，一般用启动电流 I_{op}、瞬时动作电流 I_{op}^I（瞬时动作触点闭合时间 t_b）和反时限特性曲线 $t = f(I)$ 三个参数来描述。常用的反时限过电流继电器的动作特性方程为

$$t = \frac{0.14K}{\left(\dfrac{I}{I_{op}}\right)^{0.02} - 1} \tag{2-8}$$

当流过继电器的电流小于启动电流 I_{op} 时，继电器不启动；当电流大于瞬时动作电流时，继电器以最小动作时间 t_b 动作；当电流在以上两者之间时，电流继电器启动后，延时触点的闭合时间与电流倍数（流过继电器的电流 I 与启动电流 I_{op} 之比）有关。K 为时间整定系数，选择不同的 K 值，可以获得不同的动作时间曲线，K 值越大，动作时间越长。

2.1.5.2　反时限过电流保护的整定配合

对于反时限特性上下级间的配合，反时限过电流保护装置的启动电流仍应按照式（2-7）躲过最大负荷电流的原则进行整定。同时为了保证各保护之间动作的选择性，其动作时限也应该逐级配合确定。图 2-7（b）为最大运行方式下短路电流的分布曲线，假设在每条线路的始端（k1、k2、k3、k4 点，也称配合点）短路时的最大短路电流分别为 $I_{k1.max}$、$I_{k2.max}$、$I_{k3.max}$ 和 $I_{k4.max}$，则在此电流的作用下，各线路自身的保护装置的动作时限均应为最小。为了在各线路保护装置之间保证动作的选择性，各保护可按下列步骤进行整定。

首先从距电源最远的保护 1 开始，其启动电流按式（2-7）整定为 $I_{op.1}$，其动作时间为 t_1，可以确定 a1 点。当 k1 点短路时，在 $I_{k1.max}$ 的作用下，保护 1 可整定为继电器的固有动作时间 t_b 从而确定 b 点。这样保护 1 的时限特性曲线（或 K 值）即可根据以上两个条件确定，使之通过 a1 和 b 两点，如图 2-7（d）中的曲线①。此特性曲线的选择，可以根据继电器制造厂提供的曲线族或通过实验来进行。

然后整定保护 2，其启动电流仍按式（2-7）整定为 $I_{op.2}$，确定 a2 点的坐标；当 k1 点短路时（保护 1、2 的配合点），为保证动作的选择性，就必须选择当电流为 $I_{k1.max}$ 时，保护 2 的动作时限比保护 1 高出一个时间阶梯 Δt，即 $t_c = t_b + \Delta t$，因此保护 2 的时限特性曲线应通过 c 点。在继电器的特性曲线族中选取一条适当的曲线，使之通过 d 和 c 两点，如图 2-7（d）中的曲线②，该曲线即为保护 2 的特性曲线。这样选择之后，当被保护线路始端 k2 点短路时，在短路电流 $I_{k2.max}$ 的作用下，其动作时间为 t_d，此时间小于 t_c，因此能较快地切除近处的故障。这是反时限保护的最大优点。

保护 3 的整定，则可根据类似以上的原则进行，即首先按式 2-7 算出其启动电流 $I_{op.3}$，

确定特性曲线的 a3 点，然后按照在 k2 点短路时与保护 2 相配合的原则，选取当电流为 $I_{k2.max}$ 时的动作时间为 $t_e = t_d + \Delta t$，即确定了特性曲线的 e 点，如图 2-7（d）中的曲线③，当被保护线路始端 k3 短路时，其动作时间为 t_f 仍小于 t_e。同理可以整定保护 4，得出图 2-7（d）中的曲线④。

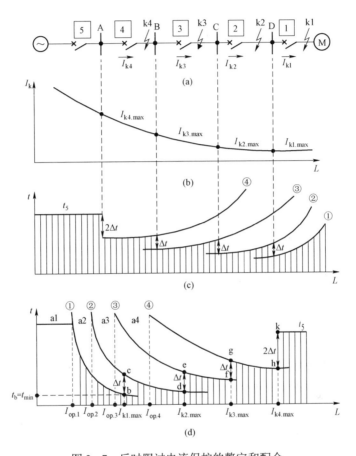

图 2-7　反时限过电流保护的整定和配合

（a）网络接线；（b）短路电流分布曲线；（c）各保护动作的时限特性；（d）整定值的选择与配合关系

　　显然，在以上的整定计算中，以保证配合点的动作时间配合实现了任意点短路时动作时间取得配合，这是以不同地点的继电器都具有式（2-8）表达的特性曲线保证的。当上下级保护使用不同类型的动作特性曲线族时，还应保证在特性曲线上任意点的配合。

2.2　零序电流保护

　　110kV 及以上电压等级的电网均为中性点直接接地电网。该电网中发生一点接地故障即构成单相接地短路，将产生很大的故障相电流。从对称分量角度分析，则出现了很大的零序电流，反映零序电流增大而动作的保护叫零序电流保护。

2.2.1 中性点直接接地系统发生接地故障时的零序分量

2.2.1.1 零序分量分析

设在图2-8（a）所示网络中 k 点发生 A 相接地，则

$$3\dot{I}_0 = \dot{I}_A + \dot{I}_B + \dot{I}_C = \dot{I}_{AK} \qquad (2-9)$$

$$3\dot{U}_0 = \dot{U}_A + \dot{U}_B + \dot{U}_C = \dot{E}_B + \dot{E}_C = -\dot{E}_A \qquad (2-10)$$

设线路的零序短路阻抗角为 φ_{k0}，可作相量图如图 2-8（b）所示，从图可知 $3\dot{I}_0$ 超前 $3\dot{U}_0(180° - \varphi_{k0})$。

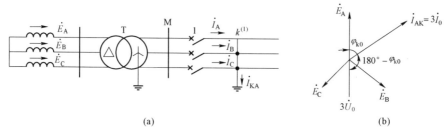

图2-8 零序分量分析示意图

（a）网络图；（b）相量图

故障点零序电压最高，离故障点越远零序电压越低，变压器接地中性点处零序电压为零。零序功率为

$$P = 3\dot{I}_0 3\dot{U}_0 \cos(180° - \varphi_{k0}) \qquad (2-11)$$

零序功率为负值，因为 $3\dot{I}_0$ 与 $3\dot{U}_0$ 的夹角 $(180° - \varphi_{k0})$ 为钝角。

2.2.1.2 零序电流滤过器

接地保护装置是通过零序电流滤过器来获取零序电流的。将三相电流互感器极性相同的二次端子分别连接在一起，就组成了零序电流滤过器，如图2-9所示。

流入继电器的电流为

$$3\dot{I}_0 = \dot{I}_a + \dot{I}_b + \dot{I}_c \qquad (2-12)$$

对于采用电缆引出的送电线路，采用零序电流互感器获取零序电流。如图2-10所示。

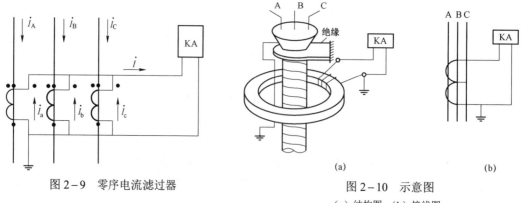

图2-9 零序电流滤过器

图2-10 示意图

（a）结构图；（b）接线图

此电流互感器套在电缆外面，一次绕组是从其铁心中穿过的电缆，即该互感器的一次电流为 $\dot{I}_A + \dot{I}_B + \dot{I}_C = 3\dot{I}_0$，只有当一次侧出现零序电流时，在互感器二次侧才有相应的零序电流输出，故称它为零序电流互感器。

2.2.1.3　零序电压滤过器

零序电压滤过器是指在输入端加三相电压而输出端只有零序电压的滤过器。常采用三个单相式电压互感器或三相五柱式电压互感器，如图 2-11 所示。为取得相电压，电压互感器一次绕组接成星形并且中性点接地，二次绕组接成开口三角形，从开口三角形 m、n 端子得到的输出电压为

$$\dot{U}_{mn} = \dot{U}_a + \dot{U}_b + \dot{U}_c = 3\dot{U}_0 \qquad (2-13)$$

即零序电压滤过器只输出零序电压。

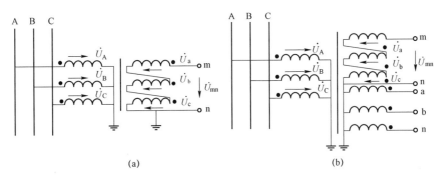

图 2-11　零序电压滤过器
（a）由三个单相式电压互感器组成；（b）三相五柱式电压互感器

2.2.2　中性点直接接地系统的接地保护

零序电流保护通常采用三段式或四段式。三段式零序电流保护由零序电流速断（零序Ⅰ段）、限时零序电流速断（零序Ⅱ段）、零序过电流（零序Ⅲ段）组成。

2.2.2.1　零序电流速断保护（零序Ⅰ段）

零序电流速断保护的整定原则如下：

（1）零序Ⅰ段的动作电流应躲过被保护线路末端发生单相或两相接地短路时可能出现的最大零序电流 $3\dot{I}_{0.max}$。

（2）躲过由于断路器三相触头不同时合闸所出现的最大零序电流。

（3）在 220kV 及以上电压等级的电网中，当采用单相或综合重合闸时，会出现非全相运行状态，若此时系统又发生振荡，将产生很大的零序电流，按（1）、（2）来整定的零序Ⅰ段可能误动作。如果使零序Ⅰ段的动作电流按躲开非全相运行系统振荡的零序电流来整定，则整定值高，正常情况下发生接地故障时，保护范围缩小。

为此，通常设置两个零序Ⅰ段保护。一个是按整定原则（1）、（2）整定，由于其定值较小，保护范围较大，称为灵敏Ⅰ段，它用于全相运行状态下出现的接地故障，在单相重合闸时，则将其自动闭锁，并自动投入第二种零序Ⅰ段，称为不灵敏Ⅰ段，按躲开非全相

振荡的零序电流整定,其定值较大,灵敏系数较低,用来保护非全相运行状态下的接地故障。

灵敏的零序Ⅰ段,其灵敏系数按保护范围的长度来校验,要求最小保护范围不小于线路全长的 15%。

2.2.2.2 限时零序电流速断保护(零序Ⅱ段)

零序Ⅱ段能保护线路全长,以较短时限切除接地故障。其动作电流与下一线路的零序Ⅰ段配合。零序Ⅱ段的动作时限比下一线路零序Ⅰ段的动作时限大一个时限级差 Δt 为 0.5s。

零序Ⅱ段的灵敏系数,按本线路末端接地短路时的最小零序电流来校验,要求 $K_{sen} \geq 1.5$。

2.2.2.3 零序过电流保护(零序Ⅲ段)

零序过电流保护在正常运行及外部相间短路时不应动作,而此时零序电流滤过器有不平衡电流输出并流过本保护,所以零序Ⅲ段的动作电流应按躲过最大不平衡电流来整定。

零序电流Ⅲ段保护的灵敏系数,按保护范围末端接地短路时的最小零序电流来校验。作近后备时,校验点取本线路末端,要求 $K_{sen} \geq 1.5$;作下一线路的远后备时,校验点取下一线路末端,要求 $K_{sen} \geq 1.25$。

2.2.3 中性点不接地系统的接地保护

2.2.3.1 中性点不接地系统单相接地时的电流和电压

在图 2-12 所示的中性点不接地电网中,用集中电容表示电网三相的对地电容,并设负荷电流为零,各相对地等值集中电容相等。正常运行时,电源和负载都是对称的,故系统无零序电压和零序电流。

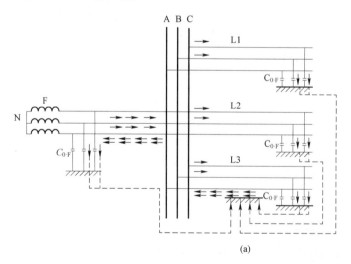
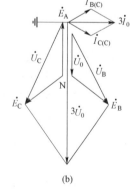

图 2-12 中性点不接地系统单相接地

(a)电容电流分布图;(b)电流电压相量图

当在电网中发生单相接地故障时，三相电压不对称，电网出现零序电压。各相电压相量如图 2-12（b）所示，从相量图也可看出 $3\dot{U}_0$ 的大小是正常运行时 A 相电压的 3 倍，方向相反，B、C 两相对地电压升高 $\sqrt{3}$ 倍。

当 A 相接地时，由于 $\dot{U}_A = 0$，各条线路 A 相对地电容电流 $\dot{I}_{A(C)} = 0$，B、C 相的电容电流 $\dot{I}_{B(C)}$、$\dot{I}_{C(C)}$ 则经大地、故障点、故障线路和电源构成回路，所以出现零序电流，由图 2-12（a）可见，各线路的电容电流从 A 相流入后又分别从 B 相和 C 相流出，由此可见，非故障线路或元件零序电容电流数值等于本身的对地电容电流，方向由母线流向线路，零序电流超前零序电压 90°。

可见，故障线路始端的零序电流为整个电网非故障元件的零序电流之和，方向由线路流向母线，$3\dot{I}_0$ 滞后 $\dot{U}_0$ 90°。根据这些特点可构成各种中性点不接地电网的保护方式。

2.2.3.2　中性点不接地电网单相接地的保护

中性点不接地电网发生单相接地时，由于故障点电流很小，三相线电压仍然对称，对负荷供电影响较小，因此一般情况下允许再继续运行 1～2h，要求保护装置发信号，而不必跳闸，只在对人身和设备的安全有危险时，才动作于跳闸。

（1）绝缘监视装置。绝缘监视装置是利用单相接地时出现零序电压的特点来构成的，其原理接线如图 2-13 所示。在发电厂或变电站的母线上装设三相五柱式电压互感器，其二次侧有两组绕组，一组接成星形，接 3 只电压表用以测量各相对地电压，另一组接成开口三角形，以取得零序电压，过电压继电器接在开口处用来反应系统的零序电压，并接通信号回路。

正常运行时，系统三相电压对称，无零序电压，过电压继电器不动作，3 块电压表读数相等。当发生单相接地时，系统各处都会出现零序电压，因此开口三角有零序电压输出，使继电器动作并起动信号继电器发信号。若要判断是哪一相发生了故障，可以通过电压表读数来判别，接地相对地电压为零，非故障相电压升高 $\sqrt{3}$ 倍。

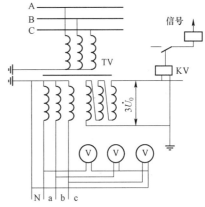

图 2-13　绝缘监视装置原理图

根据这种装置的动作，可以知道系统发生了接地故障和故障的相别，但不知道接地故障发生在哪条线路上，因此绝缘监视装置是无选择性的。为查找故障线路，需要由值班人员依次短时断开每条线路，再用自动重合闸将断开线路投入。当断开某条线路时，零序电压消失，3 只电压表读数相同，则说明该线路发生了故障。

（2）零序电流保护。当发生单相接地时，故障线路的零序电流是所有非故障元件的零序电流之和，故障线路零序电流比非故障线路大，利用这个特点可以构成零序电流保护。保护装置通过零序电流互感器取得零序电流，电流继电器用来反映零序电流的大小并动作于信号。

2.3 纵 联 保 护

2.3.1 输电线路短路时两侧电气量的故障特征分析

纵联保护是利用线路两端的电气量在故障与非故障时的特征差异构成保护的。当线路发生区内、外故障时，电力线两端的电流波形、功率方向、电流相位以及两端的测量阻抗都具有明显的差异，利用这些差异可以构成不同原理的纵联保护。

2.3.1.1 两端电流相量和的故障特征

根据基尔霍夫电流定律，如图 2-14（b）所示的一个中间既无电源（电流注入）又无负荷（电流流出）的正常运行或外部故障的输电线路，任何时刻其两端电流相量和等于零，数学表达式为 $\sum i = 0$。当线路发生内部故障时，如图 2-14（a）所示。

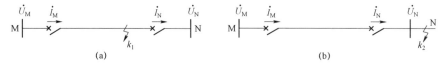

图 2-14 双侧电源线路区内外故障示意图
（a）内部故障；（b）外部故障

在故障点有短路电流流出，若规定电流正方向为由母线流向线路，两端电流相量和等于流入故障点的电流 $\dot{I}_{k1}$。

2.3.1.2 两端功率方向的故障特征

当线路发生区内故障和区外故障时输电线两端功率方向特征也有很大区别。发生区内故障时，如图 2-15（a）所示，两端功率方向为由母线流向线路，两端功率方向相同，同为正方向。发生区外故障时，如图 2-15（b）所示，远故障点端功率由母线流向线路，功率方向为正，近故障点端功率由线路流向母线，功率方向为负，两端功率方向相反。

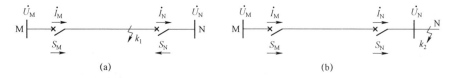

图 2-15 双侧电源线路区内外故障示意图
（a）内部故障功率方向；（b）外部故障功率方向

2.3.1.3 两端电流相位特征

对于图 2-15 所示的双端输电线路，假定全系统阻抗角均匀、两侧电动势角相同，当发生区内短路时，两侧电流同相位；当正常运行或发生区外短路时，两侧电流相位差 180°。

2.3.1.4 两端测量阻抗的特征

当线路区内短路时，输电线路两端的测量阻抗都是短路阻抗，一定位于距离保护Ⅱ段的动作区内，两侧的Ⅱ段同时启动；当正常运行时，两侧的测量阻抗是负荷阻抗，距离保护Ⅱ段不启动；当发生外部短路时，两侧的测量阻抗也是短路阻抗，但一侧为反方向，至少有一侧的距离保护Ⅱ段不启动。

2.3.2 纵联保护的基本原理

通过上述对输电线两端电气量在正常运行、区外短路和区内短路时特征差异的分析，利用两端的这些特征差异可以构成不同原理的输电线路纵联保护。

2.3.3 纵联保护的分类

2.3.3.1 纵联电流差动保护

利用输电线路两端电流相量和的特征可以构成纵联电流差动保护。发生区内短路时见图2-15（a），$\sum \dot{I} = \dot{I}_M + \dot{I}_N = \dot{I}_{k1}$；在正常运行和外部短路时，$\sum \dot{I} = \dot{I}_M + \dot{I}_N = 0$，但由于受 TA 误差、线路分布电容等因素的影响，实际上不为零。此时电流差动保护的动作判据实际上为：

$$\left. \begin{array}{l} I_d > I_{qd} \\ I_d > K_r I_r \end{array} \right\} \tag{2-14}$$

式中　　I_d ——两侧电流相量和作为继电器的动作电流；

　　　　I_r ——两侧电流的相量差作为继电器的制动电流；

　　　　I_{qd} ——启动电流；

　　　　K_r ——制动系数，$K_r = \dfrac{I_d}{I_r}$，即动作电流与制动电流的比值。

2.3.3.2 方向比较式纵联保护

利用输电线路两端功率方向相同或相反的特征可以构成方向比较式纵联保护。当系统中发生故障时，两端保护的功率方向元件判别流过本端的功率方向，功率方向为负者发出闭锁信号，闭锁两端的保护，称为闭锁式方向纵联保护；或者功率方向为正者发出允许信号，允许两端保护跳闸，称为允许式方向纵联保护。

2.3.3.3 电流相位比较式纵联保护

利用两端电流相位的特征差异，比较两端电流的相位关系，可构成电流相位比较式纵联保护。两端保护各将本侧电流的正、负半波信息转换为表示电流相位并利于传送的信号，送往对端，同时接收对端送来的电流相位信号与本侧的相位信号比较。当输电线路发生区内短路时，两端电流相角差为 0°，保护动作，跳开本端断路器。而正常运行或发生区外短路时两端电流相角差 180°，保护不动作。

2.3.3.4 纵联距离保护

它的构成原理和方向比较式纵联保护相似，只是用阻抗元件替代功率方向元件。它较方向比较式纵联保护的优点在于：当故障发生在保护Ⅱ段范围内时相应的方向阻抗元件才启动，当故障发生在距离保护Ⅱ段以外时相应的方向阻抗元件不启动，减少了方向元件的启动次数从而提高了保护的可靠性。

2.3.4 高频信号的性质

高频信号分为下述几种。

2.3.4.1 闭锁信号

收不到高频信号是保护动作于跳闸的必要条件,这样的高频信号是闭锁信号。其逻辑框图如图2-16(a)所示。

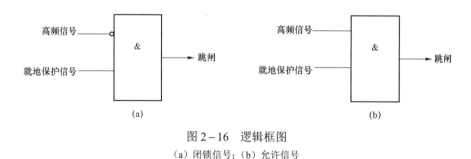

图2-16 逻辑框图

(a)闭锁信号;(b)允许信号

2.3.4.2 允许信号

收到高频信号是保护动作于跳闸的必要条件,这样的高频信号是允许信号。其逻辑框图如图2-16(b)所示。

2.4 电力变压器保护

2.4.1 变压器的故障、异常及保护配置

电力变压器(简称变压器)是连续运行的静止设备,运行比较可靠,故障机会较少。但由于绝大部分变压器安装在户外,受自然环境影响较大,同时还受到运行时承载负荷的影响以及电力系统短路故障的影响,在变压器的运行过程中不可避免的出现各类故障和异常情况。

2.4.1.1 变压器的常见故障

变压器的故障可分为内部故障和外部故障。内部故障指的是箱壳内部发生的故障,有绕组的相间短路故障、一相绕组的匝间短路故障、绕组与铁心间的短路故障、绕组与铁心间的短路故障、变压器绕组引线与外壳发生的单相接地短路。此外还有绕组的断线故障;外部故障指的是变压器外部引出线间的各种相间短路故障、引出线因绝缘套管闪络或破碎通过箱壳发生的单相接地短路。

变压器发生故障时,将对电网和变压器带来危害。特别是发生内部故障时,短路电流所产生的高温电弧不仅会烧坏变压器绕组的绝缘和铁心,而且会使变压器油受热分解产生大量气体,引起变压器外壳变形、破坏甚至引起爆炸。因此变压器发生故障时,必须将其从电力系统中切除。

2.4.1.2 变压器的常见异常情况

变压器的异常情况主要有过负荷、油箱漏油造成的油面降低、外部短路故障(接地故障和相间故障)引起的过电流,运行中的变压器油温过高(包括有载调压部分)、变压器绕组温度过高、变压器压力过高以及变压器冷却系统故障等异常情况。对于超高压大容量变

压器，因铁心额定工作磁密与饱和磁密比较接近，所以当电压过高或频率降低时，变压器会发生过励磁的不正常状态。

当变压器处于异常运行状态时，应给出异常告警信号，告知运行值班人员及时处理。

2.4.1.3 变压器的保护配置

为了保证电力系统安全稳定运行，当变压器发生故障或异常运行状况时能将影响范围限制到最小，电力变压器应装设如下继电保护：纵差保护、气体保护、过流保护、接地保护、过负荷保护、过励磁保护以及反映变压器油温、油位、绕组温度、油箱内压力过高、冷却系统故障等异常状况的保护装置。

2.4.2 变压器的瓦斯等非电量保护

2.4.2.1 非电量保护的内容

利用变压器的油、气、温度等非电气量构成的变压器保护称为非电量保护，主要有瓦斯保护、压力保护、温度保护、油位保护及冷却器全停保护。非电量保护根据现场需要动作于跳闸或发信。

当非电量保护动作于发信后，运行人员应根据动作信号及时联系调度和检修部门对变压器异常情况进行处理。

2.4.2.2 气体保护

当变压器内发生故障时，由于短路电流和短路点电弧的作用，变压器内部会产生大量气体，同时变压器油流速度加快，利用气体和油流来实现的保护称为气体保护。气体继电器是变压器内部故障的主要保护。对于变压器绕组发生匝数很少的匝间短路、严重漏油、变压器绕组断线时变压器差动保护不会动作，但气体保护能动作，所以变压器差动保护无法完全代替瓦斯保护。

气体保护的主要元件是气体继电器，它安装在油箱与储油柜之间。当变压器内部发生轻微故障时，轻瓦斯保护动作，非电量保护发出轻瓦斯动作信号（见图 2-17），当变压器内部严重故障时，重瓦斯保护动作，非电量保护发出重瓦斯动作信号并根据保护压板投退情况进行出口跳闸（见图 2-17）。

气体保护应采取措施，防止因瓦斯继电器的引线故障、振动等引起瓦斯保护误动作。

2.4.2.3 其他非电量保护

（1）压力保护也是变压器邮箱内部故障的主保护，含压力释放和压力突变保护，用于反应变压器油的压力。

（2）温度保护包括油温和绕组温度保护，当变压器温度升高达到预先设定的温度时，温度保护发出告警信号并投入启动变压器的备用冷却器。

（3）当变压器油箱内油位异常时，油位保护动作发出告警信号。

（4）当运行中的变压器冷却器全停时，变压器温度会升高，若不及时处理，可能会导致变压器绕组绝缘损坏，因此冷却器全停保护在变压器运行中冷却器全停时动作，发出告警信号并延时切除变压器。

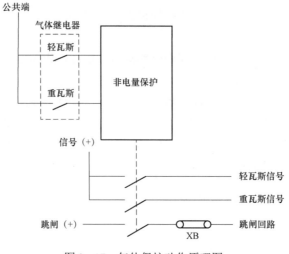

图 2-17　气体保护动作原理图

XB—跳闸出口压板

2.4.3　变压器的差动保护

变压器的差动保护作为变压器电气量的主保护，其保护范围是各侧电流互感器所包围的电气部分，在这个范围内发生的绕组相间短路、匝间短路、引出线相间短路及中性点接地侧绕组、引出线、套管单相接地短路时，差动保护均要动作。

2.4.3.1　变压器差动保护类型

变压器的差动保护有变压器纵差保护、分侧差动保护、零序差动保护等。

变压器纵差保护是变压器的主保护。电压在 10kV 以上、容量在 10MVA 及以上的变压器均需配备纵差保护。图 2-18 为变压器纵差保护原理接线。

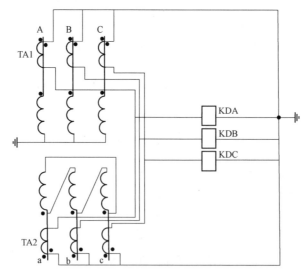

图 2-18　变压器纵差保护原理接线图

TA1、TA2—变压器两侧 TA；KDA、KDB、KDC—差动元件

分侧差动保护是将变压器的各侧绕组分别作为被保护对象，在各侧绕组的两端设置电流互感器而实现差动保护。分侧差动保护多用于超高压大型变压器的 Y 侧，与变压器纵差保护相比，其动作灵敏度高、构成简单，不受变压器励碰电流、励磁涌流、带负荷调压及过励磁的影响。图 2-19 是变压器高压侧分侧差动原理接线图。

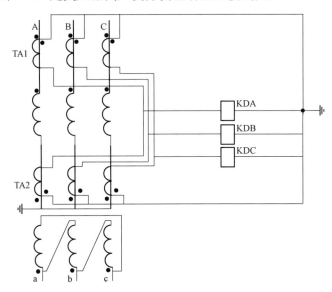

图 2-19　变压器高压侧分侧差动原理接线图
TA1、TA2—高压绕组两侧 TA；KDA、KDB、KDC—差动元件

零序差动保护由高压侧、中压侧和公共绕组侧的零序电流构成，各侧零序电流由微机型保护自产所得。零差保护主要用于大容量超高压三绕组自耦变压器 Y 侧内部接地故障。零差保护不受变压器励磁涌流、过励磁及带负荷调压的影响，其构成简单，动作灵敏度高。图 2-20 自耦变压器零差保护原理接线图。

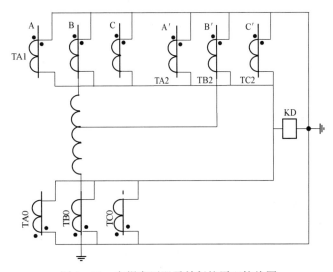

图 2-20　自耦变压器零差保护原理接线图
TA1、TA2、TA0—分别为变压器高、中压侧及公共绕组零序 TA；KD—零序差动原件

2.4.3.2 差动保护基本原理（纵差原理）

变压器纵差动保护是在假设变压器的电能量传递为线性的情况下，基于基尔霍夫第一定律构成，即

$$\sum i = 0 \qquad\qquad (2-15)$$

式中 $\sum i$ ——变压器各侧电流在差动保护中的相量和。

以双绕组变压器为例，图 2-21 示出了纵差动保护的单相接线原理图及其在不同故障情况下的电流分布。变压器两侧电流互感器的一次绕组与二次绕组按减极性接线，一次绕组的极性端在母线侧。

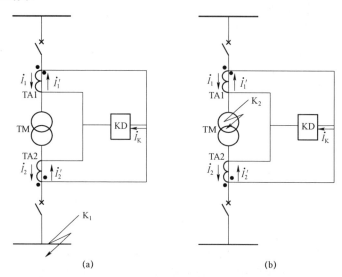

图 2-21 双绕组变压器纵差保护单相原理接线图
（a）正常运行和外部故障时的电流分布；（b）内部短路故障时的电流分布
TM—变压器；TA1、TA2—变压器两侧；KD—差动原件

为分析方便，假设变压器 TM 接线组别为 Yny0，变比为 1，两侧电流互感器 TA1、TA2 变比相同。

正常运行或外部发生短路故障时（k_1 点短路），流过变压器的是穿越性电流，流过差动继电器的电流 $i_k = i_1' - i_2' = 0$。

当变压器内部故障时（k_2 点短路），差动继电器流过的电流就是 $i_k = i_1' + i_2'$。当 i_k 大于继电器动作电流时，差动保护动作，跳开变压器两侧断路器，将故障变压器从系统中切除。

一般情况下由于变压器存在转角问题，i_1' 与 i_2' 的相位是不会相同的，因此必须通过相位补偿，对于电磁型保护和早期的微机保护都是通过改变 TA 二次接线进行相位补偿的，而目前微机型保护都是通过保护内软件计算来完成变压器各侧相位补偿的。此外，对于 Yny 或 Yyn 接线的变压器，为了防止区外接地故障后，零序电流流过变压器引起变压器差动保护误动，必须通过 TA 二次接线或微机保护软件设置对该零序电流进行滤除。

对于三绕组变压器其工作原理与上述相同。

2.4.3.3 影响差动保护动作性能的各种因素

实际中，变压器在外部故障、变压器空投及外部故障切除后的暂态过程中，将在差动回路中流过较大的不平衡电流或励磁涌流，可能会引起差动保护的误动作。为了保证变压器差动保护的选择性，必须设法减小或消除不平衡电流和励磁涌流对差动保护的影响。

（1）差动回路中的不平衡电流。差动回路中的不平衡电流包括稳态和暂态情况下的不平衡电流。

在稳态情况下，变压器及变压器各侧 TA 励磁电流的影响、变压器有载调压、变压器两侧差动 TA 的铭牌变比与实际计算值不同、变压器两侧 TA 的型号及变比误差不同都会引起或增大差动回路中的不平衡电流。

由于差动保护是瞬时动作的，因此差动回路中的不平衡电流要考虑暂态过程的影响。如变压器出口故障过程中、大接地电流系统侧接地故障时变压器的零序电流、变压器过励磁、变压器两侧差动 TA 的特性等都可能影响到差动回路中的不平衡电流。

（2）变压器的励磁涌流。空投变压器时产生的励磁电流称作励磁涌流。励磁涌流的大小与变压器结构有关，与合闸前变压器铁心中剩磁的大小及方向有关，与合闸角有关，与变压器的容量、变压器与电源之间的联系阻抗有关。

多次测量表明：空投变压器时由于铁心饱和励磁涌流很大，励磁涌流通常为其额定电流的 2~6 倍，最大可达 8 倍以上。由于励磁涌流只在充电侧流入变压器，因此会在差动回路中产生很大的不平衡电流。

1）励磁涌流的特点。励磁涌流具有如下特点：① 涌流数值很大，含有明显的非周期分量电流，波形偏于时间轴一侧；② 励磁涌流并非正弦波，波形呈尖顶状，且波形是间断的，且间断角很大；③ 含有明显的高次谐波电流分量，其中二次谐波电流分量尤为明显；④ 在同一时刻三相涌流之和近似等于零；⑤ 励磁涌流是衰减的。

2）躲励磁涌流的措施。根据励磁涌流的特点，为防止励磁涌流造成变压器纵差保护的误动，在工程中应用二次谐波含量高，波形不对称和波形间断角比较大三种原理，来判断差回路中电流突然增大是变压器内部故障还是励磁涌流引起的。当识别出是励磁涌流时，将差动保护闭锁，从而防止纵差保护误动。

2.4.3.4 微机型变压器差动保护原理的实现

微机型变压器差动保护原理就是利用软件计算的方法来实现的。为使在正常运行和区外故障时 $\sum I = 0$，必须考虑以下三个方面：① 对 Ynd 接线的变压器某一侧差动 TA 二次电流进行移相；② 滤除区外接地故障时的流过变压器的零序电流；③ 使变压器各侧差动 TA 二次电流大小相同。

（1）TA 二次电流的移相。微机型变压器保护通过保护软件进行移相。以高压侧软件移相为例，如图 2-22 所示变压器的接线组别为 Ynd11，假设差动 TA 的二次接线均采用 Y 接线，电流互感器各侧的极性都以母线侧为极性端。微机保护采用计算差动 TA 二次两相电流差的方式对高压侧 TA 二次电流进行移相。

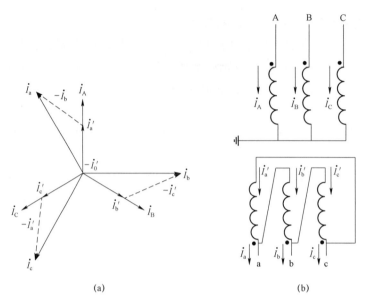

图 2-22 Ynd11 变压器绕组接线方式下两侧电流相量图

(a) 接线方式；(b) 相量图

正常运行方式时，在 Y 侧流入 A、B、C 三个差动元件的计算电流，为

$$\begin{cases} \dot{I}_{Acd'} = (\dot{I}_A - \dot{I}_B)/\sqrt{3} \\ \dot{I}_{Bcd'} = (\dot{I}_B - \dot{I}_C)/\sqrt{3} \\ \dot{I}_{Ccd'} = (\dot{I}_C - \dot{I}_A)/\sqrt{3} \end{cases} \qquad (2-16)$$

式中　$\dot{I}_{Acd'}$、$\dot{I}_{Bcd'}$、$\dot{I}_{Ccd'}$——Y 侧流入 A、B、C 三个差动元件的计算电流；

　　　$\dot{I}_A$、$\dot{I}_B$、$\dot{I}_C$——Y 侧流入 A、B、C 相电流，由于移相后各相电流都扩大了 $\sqrt{3}$ 倍，因此在计算差电流时需要缩小 $\sqrt{3}$ 倍。

△ 侧流入 A、B、C 三个差动元件的计算电流为

$$\dot{I}_{Acd''} = -\dot{I}_a$$
$$\dot{I}_{Bcd''} = -\dot{I}_b \qquad (2-17)$$
$$\dot{I}_{Ccd''} = -\dot{I}_c$$

式中：$\dot{I}_{Acd''}$、$\dot{I}_{Bcd''}$、$\dot{I}_{Ccd''}$——△ 侧流入 a、b、c 三个差动元件的计算电流；

　　　$\dot{I}_a$、$\dot{I}_b$、$\dot{I}_c$——△ 侧流入 a、b、c 相电流。

在保证两侧变比满足条件的情况下，可以保证正常情况下差动回路中各相电流为零

$$\dot{I}_{Acd} = \dot{I}_{Acd'} + \dot{I}_{Acd''} = 0$$
$$\dot{I}_{Bcd} = \dot{I}_{Bcd'} + \dot{I}_{Bcd''} = 0 \qquad (2-18)$$
$$\dot{I}_{Ccd} = \dot{I}_{Bcd'} + \dot{I}_{Ccd''} = 0$$

式中：$\dot{I}_{Acd}$、$\dot{I}_{Bcd}$、$\dot{I}_{Ccd}$——A、B、C 三个差动元件的计算电流。

（2）滤除零序电流。微机型变压器保护通过保护软件滤除零序电流。当在高压侧进行移相时，由于移相方法中从高压侧通入各相差动元件的电流为两相电流之差［见式（2-18）］，已将零序电流滤去，不需要再单独滤除零序电流；在低压侧进行移相时，需要在高压侧各相电流中减去 $\dot{I}_0$ 来滤除零序电流。

（3）平衡变压器各侧电流。为了使流入差动元件的各侧电流大小相等，在微机型变压器保护装置中，引入了一个将两个大小不等的电流折算成作用完全相同电流的折算系数，该系数称为平衡系数。根据变压器的容量，接线组别、各侧电压及各侧差动 TA 的变比，可以计算出变压器各侧的电流平衡系数。变压器各侧二次电流乘以该系数后再进行差动电流的计算。

2.4.3.5 微机型变压器保护动作特性

（1）比率差动保护动作特性。为提高内部故障时的动作灵敏度及可靠躲过外部故障的不平衡电流，微机型变压器纵差保护装置均采用具有比率制动特性的差动元件。根据变压器保护要求，差动元件的动作特性曲线以II段折线式或及三段折线式为主。

图 2-23 为三段折线式差动元件动作特性曲线，其中 I_{zd0}、I_{zd1} 为拐点定值；I_{dz0} 为差动最小动作值；K_{z1}、K_{z2} 为比率制动系数。可以看出在任意两个量保持不变的情况下，比率制动系数越小，拐点电流越大，初始动作电流越小，差动元件动作灵敏度越高，但躲区外故障的能力越差。

（2）零序差动保护动作特性。图 2-24 所示为零序比率制动特性，其中 I_{0dz} 为零序差动元件的动作电流，I_{0zd} 为零序差动继电器的制动电流，I_{0dzd} 为零序差动元件的启动电流。采用该动作特性的原因是在正常工况及外部相间断路故障时，变压器没有零序电流，差动保护中无制动量。

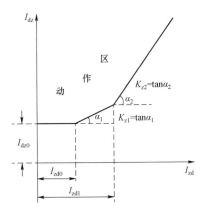

图 2-23　三段折线式差动元件动作特性曲线

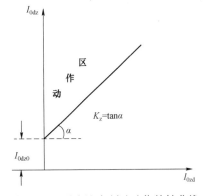

图 2-24　零序比率制动动作特性曲线

（3）二次谐波制动原理。二次谐波制动的实质是：利用流过差动元件差电流中的二次谐波电流作为制动量，区分出差流是内部故障电流还是励磁涌流引起的，实现对差动保护闭锁。差动保护中用二次谐波制动比来衡量二次谐波电流制动能力。二次谐波制动比越大，允许单位基波电流中包含的二次谐波电流越多，制动效果相对越差；反之，制动效果相对越好。

（4）五次谐波制动原理。运行中的变压器发生过励磁时，由于励磁电流很大，可能导致纵差保护误动，需要将纵差保护闭锁。变压器过励磁时，励磁电流中的 5 次谐波分量大大增加，当差流中的 5 次谐波分量大于某一定值时，将差动保护闭锁。在变压器纵差保护中，采用 5 次谐波制动比这个物理量，来衡量 5 次谐波电流制动能力。5 次谐波制动比越大，允许单位基波电流中包含的 5 次谐波电流越多，制动效果相对越差。反之，制动效果相对越好。

（5）差动速断保护。当变压器内部严重故障 TA 饱和时，TA 二次电流中含有大量的谐波分量，可能会使励磁涌流判别元件动作，闭锁差动保护或使差动保护延缓动作，严重损坏变压器。为克服上述缺点，设置差动速断保护元件，不经励磁涌流判据、激磁判据、TA 饱和判据的闭锁，只要差电流大于电流定值就立即跳闸。

2.4.4　变压器的接地保护

2.4.4.1　变压器接地保护的组成

大、中型变压器援地短路故障保护的类型，通常有零序过电流、零序方向过电流、中性点零序过电流、零序过电压、反应间隙放电的零序电流和零序过电压等。

2.4.4.2　变压器中性点的 3 种不同接地方式

（1）中性点直接接地方式。电压为 110kV 及以上中性点直接接地的变压器，在大电流接地系统侧应设置反映接地故障的零序电流保护。高、中压侧直接接地的三绕组变压器及自耦变压器，为满足选择性要求，可增设零序方向元件，方向宜指向各侧母线。

（2）中性点不接地方式。110、220kV 中性点直接接地的电力网中，变压器按照运行规程对其中性点进行接地或者不接地。当变压器在中性点不接地情况下运行时，为了防止电网单相接地故障时，故障点出现间隙电弧引起过电压损坏变压器，应配置零序电压保护。零序电压保护的构成取决于变压器的绝缘形式。

中性点不装设放电间隙的分级绝缘的变压器，其零序电压保护动作后，首先切除中性点不接地变压器，然后再切除中性点接地变压器。如果一组母线上至少有一台变压器的中性点接地，则应该首先由中性点接地变压器上的零序电流保护跳开母联断路器，由母联断路器辅助接点动零序电压保护，经过整定延时后切除中性点不接地的变压器。

全绝缘变压器由于其中性点绝缘水平较高。当系统发生接地故障时，先由零序电流保护切除中性点接地的变压器，如果故障仍存在，再由零序电压保护切除中性点不接地的变压器。

2.4.4.3　中性点经放电间隙接地的保护配置

超高压电力变压器，均系半绝缘变压器，其中性点线图的对地绝缘比其他部位弱。中性点的绝缘容易被击穿，在中性点经放电间隙接地的变压器上配置间隙保护。保护的原理接线如图 2-25 所示。当系统发生接地故障时，中性点接地运行变压器的零序电流保护动作，将中性点接地运行的变压器切除，如果故障仍然存在，由间隙保护经过整定延时后将中线点经放电间隙接地的变压器切除。

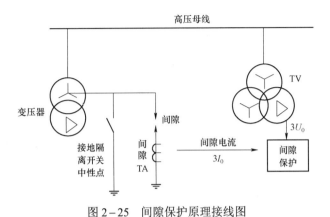

图 2-25　间隙保护原理接线图

图 2-26 为间隙保护逻辑框图：K 为变压器中性点接地隔离开关的辅助触点，当变压器中性点接地运行时，K 闭合，中性点不接地时 K 打开；$3I_0$ 为流过击穿间隙的电流（二次值）；$3U_0$ 为 TV 开口三角形电压；I_{0op} 间隙保护动作电流；U_{0op} 间隙保护动作电压。在中性点接地隔离开关打开的情况下，间隙保护投入。当间隙电流或 TV 开口电压大于保护整定值时保护动作，经延时切除变压器。

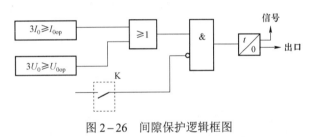

图 2-26　间隙保护逻辑框图

2.4.5　变压器的过流保护

2.4.5.1　变压器过流保护的组成

大、中型变压器相间短路故障后备保护的类型，通常有复合电压过电流保护、复压闭锁方向过流保护等。

2.4.5.2　变压器复合电压闭锁过流保护的作用

复合电压过电流保护适用于升压变压器、系统联络变压器及过电流保护不能满足灵敏度要求的降压变压器。利用负序电压和低电压构成的复合电压能够反映保护范围内变压器的各种故障，降低了过电流保护的电流整定值，提高了过电流保护的灵敏度。

2.4.5.3　变压器复合电压闭锁过流保护动作逻辑

复合电压过流保护，由复合电压元件，过电流元件及时间元件构成，作为被保护设备及相邻设备相间短路故障的后备保护。保护的接入电流为变压器本侧 TA 二次三相电流，接入电压为变压器本侧或其他侧 TV 二次三相电压。对于微机型保护，可以通过软件方法将本侧电压提供给他侧使用，这样就保证了变压器任意某侧 TV 有检修时，仍能使用复合电压过流保护。

由图 2-27 可以看出：当变压器发生故障，故障侧电压低于整定值或负序电压大于整定值且 a 相成 b 相或 c 相电流大于整定值时，保护动作，经延时 t 作用于切除变压器。

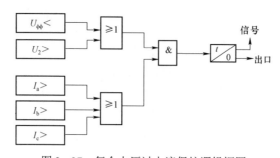

图 2-27 复合电压过电流保护逻辑框图

$U_{\phi\phi}<$—相间低电压元件；$U_2>$—负序过电压元件；$I_a>$、$I_b>$、$I_c>$—a、b、c 相过电流元件

对于复压闭锁方向过流保护，在复压闭锁过流保护的基础上增加了方向元件，方向可根据需要指向变压器或母线。保护的接入电流为变压器本侧 TA 二次三相电流，接入电压为变压器本侧 TV 二次三相电压。对于微机型主变压器保护而言，当某侧 TV 检修时，复压闭锁方向过流保护的方向元件将退出，保护装置根据保护整定自动转换为复压闭锁过流保护或者过流保护。

2.5 母线保护

比例制动式母线差动保护采用电流制动措施，能较好地克服区外短路故障时差动回路中不平衡电流的影响。微机型母线保护使比例制动原理在软件中实现，目前微机型母线保护在国内各电力系统中得到了广泛应用。下面以深圳南瑞公司生产的 BP—2B 型微机型母线保护为例对比例制动式母线差动保护原理进行分析。

2.5.1 动作方程

在微机型保护中，母线差动保护可以由母线大差动和各段母线的小差动组成；在单母线方式下可以认为大差和小差是相同的。

母线大差动：除母线断路器和分段断路器以外的母线所有其余支路的电流构成的大差动元件。其作用时检测母线是否有故障，即差动保护是否启动。

母线小差动：与该段母线相连的各支路电流构成的差动元件，其中包括与该段母线相关联的母联断路器和分段断路器支路的电流。其作用是在各段母线中选择故障母线。差动电流、制动电流分别见式（2-19）、式（2-20）：

$$I_d = \left| \sum_{j=1}^{m} \dot{I}_j \right| \qquad (2-19)$$

$$I_r = \sum_{j=1}^{m} |\dot{I}_j| \qquad (2-20)$$

不管是母线大差动还是母线小差动，差动和制动电流都满足上述表达式。

复试比率差动判据动作方程表达式为

$$\begin{cases} I_d > I_{dset} \\ I_d > K_r \times (I_r - I_d) \end{cases} \qquad (2-21)$$

式中　　I_d——母线上各元件电流的相量和，即差电流；

　　　　I_r——母线上各元件电流的标量和，即电流的绝对值和电流；

　　　　I_{dset}——差电流门坎定值；

　　　　K_r——比率系数（制动系数）。

该表达式表示，只有当差电流值 I_d 在大于差电流门坎定值 I_{dset} 并且满足比例制动条件即 $I_d > K_r \times (I_r - I_d)$ 时，母差保护才会动作。不论是母线大差动还是母线小差动保护都适合上述表达式。

2.5.2　区内、外故障情况分析

若忽略 TA 误差和流出电流的影响，在区内故障时，$I_d = I_r$。对于复式比例差动判据 $I_d > I_{dset}$ 可以满足，$I_r - I_d$ 为 0，即 $K_r \times (I_r - I_d) = 0$，此时 $I_d > K_r \times (I_r - I_d)$ 必定满足。因此在区内故障时，母线保护可以可靠动作。

若忽略 TA 误差和流出电流的影响，在区外故障时，$I_d = 0$，$I_r \neq 0$；$I_d < I_{dset}$；$I_d < K_r \times (I_r - I_d)$，即两个动作条件都不满足，区外故障时保护可靠不动作。

由此可见，复式比率差动保护能非常明确地区分区内和区外故障。

2.5.3　TA 饱和鉴定元件

为防止区外故障时由于 TA 饱和母差保护误动，需要在保护中设置 TA 饱和鉴别元件，TA 饱和时其二次电流有以下特点：

（1）在发生瞬间，由于铁心中的磁通不能跃变，TA 不能立即进入饱和区，而是存在一个时域为 3~5ms 的线性传递区。在线性传递区内，TA 二次电流与一次成正比。

（2）TA 饱和之后，在每个周期内一次电流过零点附近存在不饱和时段，在此时段内，TA 二次电流还是与一次电流成正比的，TA 饱和后其励磁阻抗大大减小，内阻大大降低。

（3）TA 饱和后，其二次电流偏于时间轴一侧，电流的正、负半波不对称，电流中含有很大的二次和三次谐波电流分量。

根据上述特点，微机型母线保护通过判别区内外故障时发生 TA 饱和情况下差电流突变量与和电流突变量的动作时序，以及利用 TA 饱和时差电流波形畸变和每周波都存在线形传变区等特点，准确检测出饱和发生的时刻，使保护装置具有极强的抗 TA 饱和能力。

2.5.4 电压闭锁功能

以电流判据为主的差动元件，可以用电压闭锁元件来配合，提高保护整体的可靠性。电压闭锁元件的动作表达式为

$$\begin{cases} U_{ab} \leq U_{set} \\ 3U_0 \geq U_{0set} \\ U_2 \geq U_{2set} \end{cases} \qquad (2-22)$$

式中　　　　U_{ab}——母线线电压（相间电压）；

　　　　　$3U_0$——母线三倍零序电压；

　　　　　U_2——母线负序电压；

U_{set}、U_{0set}、U_{2set}——各序电压闭锁定值。

因为判据中用到了低电压、零序和负序电压，所以称之为复合电压闭锁。三个判据中的任何一个被满足，该段母线的电压闭锁元件就会动作，称为复合电压元件动作。差动元件动作出口，必须有相应母线的复合电压元件动作。

3

配网系统常见自动装置原理

3.1 自动重合闸装置

单侧电源线路是指单侧电源辐射状单回线路和平行线路，其特点是仅有一个电源供电，不存在非同期合闸问题，重合闸装于线路送电侧。

重合闸的时间应大于故障点熄弧时间及周围介质去游离时间外，还应大于断路器及操动机构恢复到准备合闸状态所需要时间。

在电力系统中，单侧电源线路广泛采用三相一次重合闸方式。所谓三相一次重合闸是指不论线路上发生接地短路还是相间短路故障，继电保护装置动作将断路器三相一起跳开，然后重合闸装置动作，将断路器三相重新合上的自动重合闸方式。若为瞬时性故障，重合成功；若为永久性故障，则继电保护加速再次将断路器三相一起跳开，不再进行重合。

在电力系统中，为保证供电的可靠性，避免架空线路上瞬时故障，我们通常使用自动重合闸装置。当瞬时性故障消除后，通过断路器的自动重合，继续安全供电。在本文中，将对电磁型重合闸继电器 DH-1 原理进行分析，DH-1 自动重合闸装置二次回路示例图如图 3-1 所示。

3.1.1 主要元件及功能说明（见表 3-1）

表 3-1 主要元件及功能说明表

符号	名称	功　能　说　明
BSJ	双自保继电器	该继电器有两个线圈，L2 线圈通电，触点闭合并在线圈失电后保持；L1 线圈通电，触点分开，同样在失电后保持
BZJ	前加速闭锁继电器	若重合于永久性故障后，闭锁前加速，由过流保护跳闸
TBJ	防跳继电器	该继电器有电压、电流两个线圈，当电流线圈中通过电流，继电器动作，若电压线圈同时有一定电压存在，则可保持触点动作后状态而不返回
JS	时间继电器	重合闸自动装置内，将重合时间定为跳闸后 0.7s
JZ	中间继电器	重合闸自动装置内，存在电压、电流两个线圈，电压线圈得电，触点动作，此时若电流线圈中通过适当电流，则可有类似 TBJ 的自保持功能，保持触点动作状态，不返回

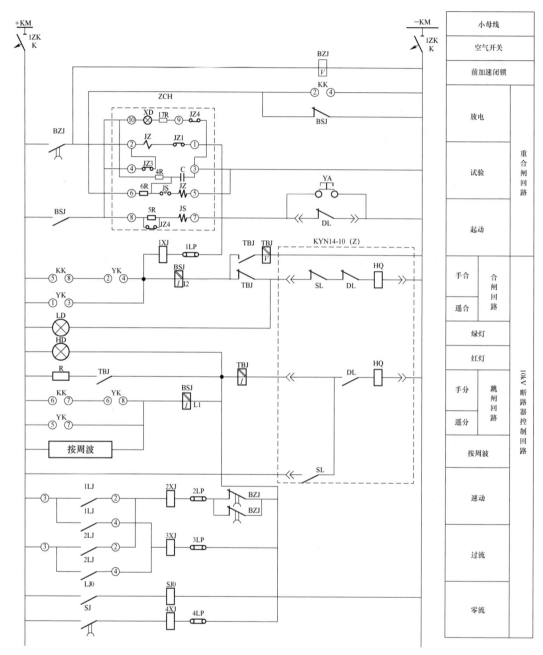

图 3-1 DH-1 自动重合闸装置二次回路示例图

其他设备及功能说明：C—电容元件；R～4R—充电电阻；5R/17R—限流电阻；6R—放电电阻；XD—指示灯；KK—控制开关；YK—遥控控制开关；LP—1LP 为重合闸压板；2LP—前加速跳闸压板；3LP—过流跳闸压板；YA—重合闸试验按钮

3.1.2 故障分析

（1）线路上发生瞬时故障，一次重合成功。线路发生两相短路故障，经流变后反映到二次侧，电流继电器中前加速保护与反时限过电流保护都启动。但反时限过电流保护触点闭合需要一定时间，因向前加速保护抢先动作，触点闭合（1LJ1/2LJ1），通过 BZJ 并联触点、2LP、2XJ、TBJ 电流线圈、断路器副触点，接通跳闸线圈，断路器跳闸。

此时断路器副触点位置发生变化，DL3 闭合，接通了重合闸启动回路（BSJ1，触点 JS2、JS、DL3）。JS 时间继电器线圈通电，经过 0.7 秒后触点闭合，电容 C 经过触点 JS1，对 JZ 电压线圈放电（电容 C 通过 4R，BSJ1 充有直流控制电压），JZ 触点动作。JZ3 经 BSJ1、JZ 电流线圈，接通合闸回路。JZ4 触点断开，切断了 4R、XD、17R 回路，使电容 C 上电流全部经过 JZ 电压线圈。

合闸回路串接 JZ 电流线圈的作用为：若电容 C 储存能量不足，可能电容 C 在开关合闸到位前已经放电结束，此时若没有 JZ，电流线圈 JZ1 触点会提前断开，导致合闸不到位。JZ 电流线圈起到自保持作用，使 JZ1 保持闭合状态，直到由开关副触点 DL1 打开，切断合闸回路。

此时所有继电器触点返回，电容 C 进入充电过程，为下次故障重合做好准备。充电时间大约在 20~30s，在此期间若有线路故障产生，因电容 C 对 JZ 电压线圈放电不足，触点 JZ 不会动作，重合闸失效。

触点 JS2 的作用。重合闸启动回路中，有 JS2 先流过启动电流在 JS 电压线圈通电后 JS2 断开，由 5R 流过电流（经电阻限流后变小），这正符合继电器线圈特性，较大电流启动，较小电流维持动作，具有保护作用。

（2）线路上发生永久性故障，重合不成功，线路失电。永久性故障的重合过程与瞬时性故障相同。当断路器重合后，故障电流又一次产生。经流变反映到二次侧继电器，前加速保护又抢在反时限过电流保护前动作，但是此时前加速保护被闭锁，而是由反时限过电流保护动作。

前加速保护的闭锁原理：前面的讨论中谈到，重合过程中，在电容 C 对 JZ 电压线圈放电后，触点 JZ3 闭合，此时触点 BSJ1、触点 JZ3、BZJ 电压线圈构成回路。BZJ 电压线圈得电后触点动作，BZJ1、BZJ2 瞬时打开（延时闭合），切断前加速跳闸回路，BZJ3 瞬时闭合（延时打开）。重合后故障电流使前加速保护动作，触点 1LJ1、2LJ1 闭合，通过触点 BZJ3（未返回），BZJ 电压线圈得电，自保持 BZJ 继电器（前加速闭锁继电器）。

这时由反时限过电流保护动作，触点 1LJ2/2LJ2 闭合，经过流变跳闸压板接通跳闸线圈，断路器二次跳闸，断路器副触点 DL2 切断跳闸回路。流变中无故障电流通过，1LJ1/1LJ2/2LJ1/2LJ2 均打开，BZJ 电压线圈失电，其触点经延时后返回。

断路器二次跳闸后，副触点 DL1 由断开转为闭合，又一次接通了重合闸启动回路，继电器 JS 线圈通电 0.7s 触点 JS 闭合，电容 C 对 JZ 放电。但是电容 C 充电时间不过 1~3s（从断路器重合，副触点 DL3 断开开始），放电电流很小，不足以使继电器 JZ 动作。此时触点 BSJ1、限流电阻 5R、JS 线圈、副触点 DL3 构成回路，并一直保持，直到变电站工作人员来处理。由此看到，电阻 5R 起着保护 JS 线圈的作用，避免因长时间通过大电流而烧毁。

可以看到，断路器二次跳闸，自动置合闸装置因电容 C 能量不够而不再重合，但触点

BSJ1、充电电阻 4R、触点 JS1、JZ 电压线圈构成回路，有电流通过。由此可以看到充电电阻 4R 的另外一个重要作用：串联分压，使 JZ 电压线圈因电压过小而无法动作。因而 4R 的阻值需要选的大一点，但是也带来了电容 C 充电时间较大的弊病。

当工作人员赶到现场，扳动控制开关 KK，触点 1/3 断开，切断重合闸启动回路。触点 2/4 闭合，电容 C 上的剩余电荷通过放电电阻 6R 放掉。

（3）重合闸继电器试验。在日常巡视中，运行人员需要进行重合闸继电器试验，以确保继电器运行状况完好。试验通过长按重合闸试验按钮 YA，代替断路器副触点 DL3 接通重合闸启动回路。此后继电器动作状况，与前文所述的重合过程相同，但由于断路器副触点 DL1 处于断开状态，而并不能接通合闸线圈（合闸回路）。在此过程中，指示灯 XD 由于触点 JZ4 的短时分开而存在一段时间的熄灭过程。当电容 C 放电完毕后、JZ 电压线圈失电，触点 JZ4 返回后，指示灯 XD 重新点亮。

放开直合闸试验按钮 YA，切断重合闸启动回路，电容 C 进入充电过程，继电器返回初始状态。

3.1.3 继电器动作原理

（1）重合回路设置两副触点 JZ1、JZ3 的作用。在重合闸动作过程中，重合回路中通过了较大的电流，如果只有一副触点可能会引起触点烧牢的情况，设置 JZ1、JZ3 两副触点可以提高重合回路断开的可靠性，避免合闸回路持续连通。

（2）防跳继电器 TBJ 的作用原理。当 JZ1、JZ3 触点烧牢的情况下，假设不存在防跳继电器 TBJ 及 TBJ2 触点，则在断路器重合于永久性故障跳闸后，由于断路器副触点 DL1 的合上，接通了跳闸回路，断路器又一次跳闸，于是断路器进入反复"跳合"状态，直到断路器损坏。

为避免这种情况的产生，装设防跳继电器 TBJ。当 JZ 继电器误动作或触点 JZ1、JZ3 烧牢，此时断路器在跳闸过程中，接通了 TBJ 电流线圈，触点 TBJ1、TBJ2 动作。TBJ1 的闭合，接通了 TBJ 电压线圈，并在其作用下，防跳继电器 TBJ 进入自保持状态；TBJ2 断开了合闸线圈，断路器不再合闸，保持跳闸状态直到运行人员前来处理。

有时考虑到 TBJ 触点容量问题，采用两副常闭触点并联，放入重合闸回路，以提高可靠性。

如果线路发生瞬时故障，重合成功后触点 JZ1、JZ3 烧牢，会导致怎样的情况呢？此时可以测量重合闸压板 LP1 对地电压，若带有正母线电压 +KM，则重合闸继电器发生了该故障。如果线路第一次瞬时故障重合成功后，又发生第二次故障，无论过流或前加速动作，开关跳闸，由于 TBJ 电压线圈的自保持作用，断路器都不会重合，等待运行人员前来处理。

（3）双自保继电器 BSJ 的作用。双自保继电器在回路中位于合闸线圈、断路器副触点 DL1 之前，无论就地控制开关合闸，还是远动遥控合闸，在合闸过程中 BSJ 继电器 L2 线圈通电，触点 BSJ1 闭合，接通重合闸继电器 DH−1，使其处于可用状态。触点 BSJ2 处于断开位置。两个触点处于自保持状态，L2 线圈失电后不返回。

若发生就地控制开关人为分闸、远动控制分闸，或是按周波跳闸，应当不发生断路器的重合情况。为了实现这一功能，在这三个触点之后的跳闸回路中，串联了双自保继电器 BSJ 的另一个电流线圈 L1。线圈 L1 通电后，两个触点动作，并自保持：触点 BSJ1 断开，切断了重合闸回路，令重合闸失效；同时触点 BSJ2 闭合，接通了电容 C、放电电阻 6R、触点 BSJ2 的放电回路，将电容 C 中储存的能量释放掉。因而在手分、遥分、按跳情况下保证了自动重合闸装置不会动作。此后，手合或遥合断路器、双自保继电器 BSJ 电流线圈 L2 再次通电，触点动作并自保持，电容 C 经过充电之后，自动重合闸装置重新投入运行，为下次跳闸后的重合做好准备。

过流和前加速跳闸回路，由于没有包含 BSJ 电流线圈 L1，所以不会引起重合闸装置 DH-1 投入/退出的切换。

为提高线路供电的可靠性，在线路发生瞬时故障的情况下持续供电，我们采用了自动重合闸装置。现在，电磁型保护与微机保护装置，共同担负着维护电网安全的重任。

3.2　备用电源自动投入装置

当工作电源因故障被断开以后，能自动而迅速地将备用电源投入工作的装置称为备用电源自动投入装置，简称备自投装置。

以下情况应装设备用电源自动投入装置❶：

（1）装有备用电源的发电厂厂用电源和变电站所用电源。

（2）由双电源供电，其中 1 个电源经常断开作为备用的电源。

（3）降压变电站内有备用变压器或有互为备用的电源。

（4）有备用机组的某些重要辅机。

3.2.1　典型备自投的一次接线

备自投装置根据备用方式，可以分为明备用和暗备用两种。明备用是指正常情况下有专用的备用变压器或备用线路。如图 3-2 所示，图 3-2（a）中正常运行时 3QF、4QF、5QF 在断开状态，变压器 2T 作 1T、3T 的备用；图 3-2（b）中正常运行时 3QF、4QF 在断开状态，变压器 2T 作 1T 的备用；图 3-2（c）中备用线路作为工作线路的备用；图 3-2（d）中备用线路作为两条工作线路的备用。

暗备用是指正常情况下没有专用的备用电源或备用线路，而是在正常运行时负荷分别接于分段母线上，利用分段断路器取得相互备用，如图 3-3 所示，图 3-3（a）、（b）中正常运行时，5QF 在断开状态，Ⅰ、Ⅱ段母线分别通过各自的线路或变压器供电，当任一母线由于线路或变压器故障跳开而失电时，5QF 自动合闸，从而实现线路或变压器互为备用。在暗备用方式中，每个工作电源的容量应根据两个分段母线的总负荷来考虑，否则在备自投动作前后，要适当切除相应负荷。对于负荷比较稳定的可采用备投前切负荷，对变化较大的负荷可采用备投后切负荷。

---

❶　参见 GB/T 14285—2006《继电保护和安全 自动装置技术规程》。

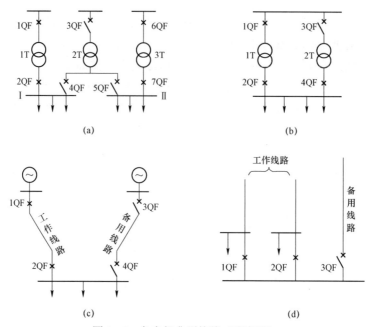

图 3-2 备自投典型接线（明备用）

（a）典型接线 1；（b）典型接线 2；（c）典型接线 3；（d）典型接线 4

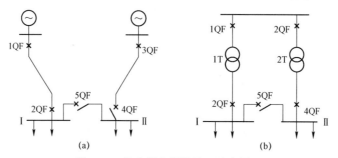

图 3-3 备自投典型接线（暗备用）

（a）典型接线 1；（b）典型接线 2

以上分析可见，采用备自投装置后有以下优点：

（1）提高供电可靠性，节省建设投资；

（2）简化继电保护；

（3）限制短路电流，提高母线残压。

由于备自投具有上述优点，而且结构简单，投资少，且可靠性高，因此在电力系统得到广泛的应用。

3.2.2 对备自投装置的要求

（1）应保证在工作电源和设备断开后，备自投装置才能动作。因此备自投装置的合闸部分应由供电元件受电侧断路器的辅助动断触点启动。

（2）工作母线上电压消失时，备自投装置应启动。因此备自投装置应有独立的低电压启动部分。

（3）备自投装置应保证只动作一次。因此必须控制备用电源发出的合闸脉冲时间。

（4）若电力系统内部故障使工作电源和备用电源同时消失时，备自投装置不应动作。因此备自投装置设有备用母线电压监视，当备用电源消失时，闭锁备自投装置。

（5）当一个备用电源作为几个工作电源备用时，如备用电源已代替一个工作电源后，另一个工作电源又断开，备自投装置应启动。但要核定备用电源容量能满足。

（6）应校验备用电源自动投入时过负荷以及电动机自启动的情况，如过负荷超过允许限度，或不能保证自启动时，备自投装置动作于自动减负荷。

（7）当备自投装置动作时，如备用电源投于永久故障，应使其保护加速动作。

（8）备自投装置的动作时间以使负荷的停电时间尽可能短为原则。所谓备自投装置动作时间，即指从工作母线受电侧断路器断开到备用电源投入之间的时间。当工作母线上装有高压大容量电动机时，工作母线停电后因电动机反送电，若备自投动作时间太短，工作母线上残压较高，此时若备用电源电压和电动机残压之间的相位差较大，会产生较大的冲击电流和冲击力矩，损坏电气设备。

3.2.3 典型备投方式

微机型备自投装置是通过逻辑判断来实现只动作一次要求的，为了便于理解装置采用电容器"充放电"概念来模拟这种功能。备自投装置满足启动的逻辑条件为"充电"条件满足；延时启动的时间为"充电"时间，"充电"时间结束，备自投装准备就绪；当备自投装置动作后或任一闭锁满足时，立即瞬时"放电"，"放电"后备自投装置被闭锁。这种"充放电"与重合闸中电容器"充放电"的概念相同。

备自投装置动作逻辑的控制条件可分为三类：充电条件，闭锁条件，启动条件。即在所有充电条件均满足、无闭锁条件时，经过一固定延时（如10s）完成充电，一旦出现启动条件即动作出口。取一定的充电时间主要考虑到：① 等待故障造成的系统扰动充分平息，认为系统已经恢复到故障前的稳定状态；② 躲过对侧相邻保护最后一段的延时和重合闸最长动作周期。以免合闸在故障上造成开关跳跃和扩大事故。

3.2.3.1 内桥断路器备自投

内桥（分段）断路器备自投的主接线如图3-4所示。

正常运行时，内桥（分段）断路器3QF在断开状态，Ⅰ、Ⅱ段母线分别通过各自的供电设备或线路供电，1QF、2QF在合位，L1和L2互为备用电源（暗备用），当某一段母线因供电设备或线路故障跳开或偷跳时，此时若另一母线有电，则3QF自动合闸，从而实现互为备用。

（1）充电条件：1QF合位；2QF合位；3QF分位；Ⅰ母三相有压；Ⅱ母三相有压。满足全部条件备自投装置充电，经设定时间充电结束。

（2）放电条件：1QF分位；2QF分位；3QF合位；Ⅰ母、Ⅱ母同时三相无压。出现任一条

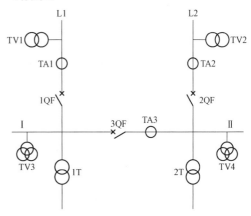

图3-4 内桥（分段）备自投

件备自投装置放电。

（3）启动条件：Ⅰ母失压时，Ⅰ母三相无压；进线Ⅰ无流；Ⅱ母三相有压，2QF 合位。备自投起动经延时跳 1QF，合 3QF，并发动作信号。Ⅱ母失压时，Ⅱ母三相无压；进线Ⅱ无流；Ⅰ母三相有压，1QF 合位。备自投起动后经延时跳 2QF，合 3QF，并发动作信号。

把以上内桥（分段）断路器备自投过程用逻辑框图表示，如图 3-5 所示。

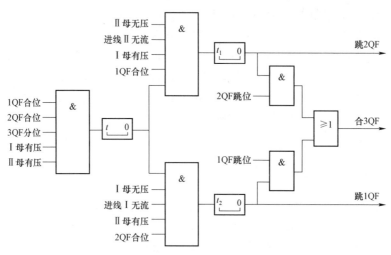

图 3-5　内桥（分段）备自投逻辑框图

在这种内桥（分段）暗备用方式中，每个工作电源的容量应根据总负荷来考虑，否则备投要考虑减去相应负荷。动作逻辑可考虑两轮的 L1、L2 线过负荷联切。为防止 1V 断线时备自投误动，取线路电流作为母线失压的闭锁判据。如果变压器或母线发生故障，保护动作跳开进线开关，进线开关将处于跳间位置，此时备自投被闭锁。手跳进线断路器情况类似。

进线备自投的一次接线如图 3-6 所示。

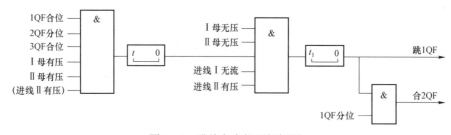

图 3-6　进线备自投逻辑框图

工作线路同时带两段母线运行，另一条进线处于明备用状态。当工作线路失电，其断路器处于合位，在备用线路有压、桥开关合位的情况下跳开工作线路，经延时合备用线路。若工作电源断路器偷跳即合备用电源。为防止 TV 断线时备自投误动，取线路电流作为线路失压的闭锁判据。

以进线 L1 为工作电源，进线 L2 备用为例，备自投过程为：

（1）充电条件：1QF 合位；2QF 分位；3QF 合位；Ⅰ母三相有压；Ⅱ母三相有压；进线Ⅰ三相有压。满足以上全部条件，备自投装置充电，经设定时间充电结束。

（2）放电条件：1QF 分位；2QF 合位；3QF 分位；进线Ⅰ三相无压。出现以上任一条件，备自投装置放电。

（3）启动条件：Ⅰ母三相无压；Ⅱ母三相无压；进线Ⅰ无流；进线Ⅱ三相有压；备自投启动，经延时跳开 1QF，合上 2QF。

3.2.3.2 变压器备自投

变压器备自投分热备用和冷备用两种。

热备用：主变压器低压侧断路器处于合位，母线失电，在备用变压器高压侧有压情况下跳开工作变压器低压侧断路器，合备用变压器低压侧断路器；为防止 TV 断线时备自投误动，取主变压器低压侧电流作为母线失压的闭锁判据。

冷备用：母线失压，同时跳开工作变压器高、低压侧断路器，合备用变压器高、低压侧断路器。

以变压器热备用为例说明备自投过程。

（1）充电条件：1QF 合位：2QF 合位；母线Ⅲ三相有压；Ⅱ主变压器高压侧三相有压。满足以上全部条件，备自投装置充电，经设定时间充电结束。

（2）放电条件：1QF 分位；2QF 分位；Ⅱ主变压器高压侧三相无压。出现以上任一条件，备自投装置放电。

（3）启动条件：母线Ⅲ三相失压；Ⅱ主变压器高压侧三相有压；4QF 分位。备自投启动后，经延时跳开 2QF，合上 4QF。

把以上变压器热备用备自投过程用逻辑框图表示，如图 3-7 所示。

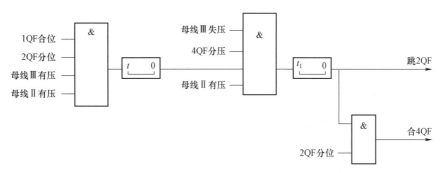

图 3-7　变压器备自投逻辑框图

3.2.3.3　三主变压器四分段（均衡负荷）备自投

三主变压器四分段（均衡负荷）备自投逻辑框图如图 3-8 所示。这种接线方式在负荷相对集中且负荷比较重要的地区应用较多。

Ⅰ母线备用Ⅱ母线方式：Ⅱ母线失电，Ⅰ母有压，跳断路器 2QF，合断路器 3QF。

Ⅱ母线备用Ⅰ母线方式：Ⅰ母失压，Ⅱ母有压，跳 1QF，合 3QF；确认 1QF 跳开及 3QF

合上后，跳 4QF，合 6QF，均衡 2T、3T 主变压器负荷。这样处理，Ⅲ母会短暂失压，但可防止 2T、3T 变压器的非同期合闸。为防止 TV 断线时备自投误动，取线路电流作为母线失压的闭锁判据。3QF 和 6QF 分别安装一台备自投装置互相配合。

（1）充电条件：1QF 合位；2QF 合位；3QF 分位；Ⅰ母三相有压；Ⅱ母三相有压，以上全部条件满足充电。

（2）放电条件：1QF 分位；2QF 分位；3QF 合位；Ⅰ、Ⅱ母三相无压，以上任一条件满足放电。

（3）Ⅰ母线为Ⅱ母备用时启动条件：Ⅱ母三相失压；进线Ⅱ无流；备自投启动后，经延时跳开 2QF，收到 2QF 跳位后合 3QF，并发备自投动作信号。

（4）Ⅱ母线为Ⅰ母备用时启动条件：Ⅰ母三相失压；进线Ⅰ无流；备自投启动后，经延时跳开 1QF，收到 1QF 跳位后合 3QF，并发备自投动作信号。此时，1QF 分位；3QF 合位；4QF 合位；6QF 分位；Ⅳ母有压；另一台备自投装置启动，跳 4QF，收到 4QF 跳位后合 6QF 均衡负荷。如 4QF 拒跳则联切负荷。

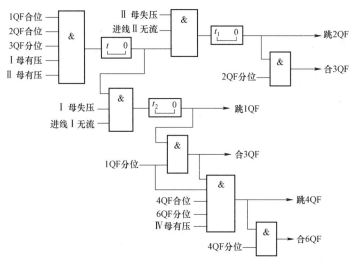

图 3-8　三主变压器四分段（均衡负荷）备自投逻辑框图

3.3　按频率自动减负荷装置

3.3.1　电力系统的频率特性

电力系统稳定运行时，发电机发出的总有功功率等于用户消耗的（包括传输损块失）总有功功率，系统中磁极对数相同的同步发电机都以同一转速旋转，系统频率维持为一稳定值。当发电机发出的总功率大于用户总功率时，发电机的转速加快，于是系统频率升高；反之，当发电机发出的总功率小于用户的总功率时，发电机的转速减慢，系统频率下降。当电力系统出现较大功率缺额时，应迅速断开一些负荷，以保证系统的稳定运行。按频率下降的不同程度自动断开相应的负荷，以阻止频率的下降，是由按频率自动减负荷装置来实现的，显然这是保证电力系统安全稳定运行的重要措施之一。

3.3.1.1 低频运行的危害

当电力系统发生，如切除某些机组或电源线路，使得发电功率减少，即出现功率缺额时，系统频率下降，功率缺额越大，频率降低越多。当有功功率缺额超出了正常调节能力时，如果不及时采取措施，不仅影响供电质量，而且严重影响电力系统安全稳定运行。

低频运行对发电机和系统安全运行的影响：

（1）系统频率降低，由异步电动机驱动的厂用机械的出力随之下降，火电厂锅炉和汽轮机的出力也随之下降，从而使发电机发出的有功功率下降。有功功率缺额增加，导致系统频率进一步下降，严重时将引起系统频率崩溃。

（2）系统频率降低引起发动机转速降低，励磁电势降低，发出的无功功率减少，电压下降，严重时将引起系统电压崩溃。

（3）对于额定频率为 50Hz 的电力系统，频率降低可能引起发电厂的汽轮机叶片共振而断表，造成重大事故。

（4）电力系统频率下降时，异步电动机和变压器的励磁电流增加，使异步电动机和变压器的无功消耗增加，从而使系统电压下降。

（5）电力系统频率变化会引起异步电动机转速变化，这会使得电动机所驱动的加工工业产品的机械转速发生变化。一些企业对加工机械的转速要求很高，转速不稳定会影响产品质量，甚至会出现次品和废品。

（6）电力系统频率波动会影响某些测量和控制用的电子设备的准确性和性能，频率过低时有些设备甚至无法工作。

3.3.1.2 电力系统负荷的频率静态特性

当频率变化时，电力系统消耗的总有功功率也将随着改变。总有功功率 $P_{L\cdot\Sigma}$ 随频率 f 而变化的特性称为负荷的静态频率特性。

不同性质的负荷消耗的有功功率随频率变化的程度不同。电力系统的负荷，一般可分为如下三类：

第 Ⅰ 类：负荷消耗的有功功率与频率无关，如白炽灯，电热设备等。即 $P_{L\cdot I} = K_0$ 为常数。

第 Ⅱ 类：负荷消耗的有功功率与频率的一次方成正比，如碎煤机、卷扬机、金属切削机等负荷，转矩为常数。即 $P_{L\cdot II} = K_1 f$。

第 Ⅲ 类：负荷消耗的有功功率与频率的二次方、三次方、高次方成正比，如通风机、水泵等负荷。即 $P_{L\cdot III} = K_2 f^2 + K_3 f^3 + \cdots$

所以，电力系统总的有功负荷可以认为由上述三种负荷组成，即

$$P_{L\cdot\Sigma} = K_0 + K_1 f + K_2 f^2 + K_3 f^3 + \cdots \qquad (3-1)$$

式中　K_0、K_1、K_2、K_3——Ⅰ、Ⅱ、Ⅲ类负荷 P_{I}、P_{II}、P_{III} 占总负荷的比例系数。

由上式可知：系统频率变化时，系统总有功负荷消耗的有功功率作相应变化，其关系

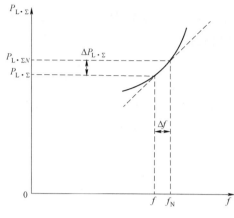

图 3-9 负荷的静态频率特性

曲线如图 3-9 所示。由图可见，当频率下降时，系统总有功负荷消耗的有功功率随之减少；当频率上升时，系统总有功负荷消耗的有功功率随之增加，这种现象为负荷的调节效应。该曲线可通过试验或通过运行统计数据获得。计算时通常只取到三次方项，因系统中与频率的更高次方成正比的负荷所占比重很小，可以忽略不计。

图 3-9 中，在额定频率 f_N 下，对应的系统额定总负荷为 $P_{L \cdot \Sigma N}$。由于系统频率变化范围不大，此区间负荷的静态频率特性可近似为一条直线，定义负荷的调节效应系 K_L 为：

$$K_L = \frac{\Delta P_{L \cdot \Sigma}}{\Delta f} = \frac{P_{L \cdot \Sigma} - P_{L \cdot \Sigma N}}{\Delta f} \qquad (3-2)$$

在实际应用时，负荷调节效应系数通常用百分值或标幺值表示，即

$$K_L = \frac{\Delta P_{L \cdot \Sigma} \%}{\Delta f \%} = \frac{(P_{L \cdot \Sigma} - P_{L \cdot \Sigma N}) / P_{L \cdot \Sigma N}}{(f - f_N) / f_N} = \frac{\Delta P_{L \cdot \Sigma *}}{\Delta f_*} \qquad (3-3)$$

式中 $\Delta P_{L \cdot \Sigma} \%$、$\Delta P_{L \cdot \Sigma *}$ ——系统有功负荷变化量的百分值、标值；

        $\Delta f \%$、Δf_* ——系统频率变化量的百分值、标幺值。

负荷调节效应系数 K_L 反映的是系统频率变化时，对应负荷有功功率的变化量，可用来衡量负荷调节效应的大小。K_L 的物理意义是：系统频率每下降（或上升）1%，系统负荷消耗的有功功率相应减少（或增加）的百分数。因负荷类型、性质随季节变化，所以 K_L 值也随季节发生变化。一般负荷调节效应系数 K_L 值取在 1~3 范围内。显然，不同电力系统的 K_L 值不同，同一电力系统 K_L 值在不同季节也有所不同。

负荷调节效应对电力系统频率可起到一定的稳定作用。当电力系统有功功率平衡遭到破坏，出现有功功率缺额引起系统频率下降时，由于负荷调节效应，负荷本身消耗的有功功率相应减少，于是可以重新达到有功功率平衡，系统频率可以自动稳定在低于额定值的频率上运行。但负荷调节效应毕竟是有限的，当电力系统出现较大的有功功率缺额时，仅靠负荷调节效应来补偿有功功率缺额是不够的，系统频率会降低到不允许程度，从而破坏系统的安全稳定运行。在这种情况下，必须借助按频率自动减负荷装置来切除部分负荷，才能保证系统的安全稳定运行。因此按频率自动减负荷装置是电力系统发生事故、出现较大的有功功率缺额、频率大幅度降低时，保证系统稳定运行的一种安全自动装置。

3.3.1.3 电力系统频率动态特性

电力系统的有功功率不平衡，系统的频率就会发生变化，系统频率由 f_N 过渡到另一个稳定值 f_∞ 所经历的过程，称为电力系统动态频率特性。如图 3-10 所示，由图可知，系统的频率变化不是瞬时完成的，而是按一定指数规律变化。其表达式为

$$f = f_\infty + (f_N - f_\infty) e^{-\frac{t}{T_f}} \qquad (3-4)$$

式中　f_∞——有功功率不平衡时，频率变化后的稳定运行频率；

　　T_f——系统频率变化的时间常数，与系统等值机组惯性常数及负荷调节效应系数K_L等有关，一般为4～10s，大系统的T_f较大，小系统的T_f较小。

从f_N变化到f_I所经过的时间t_I为

$$t_I = T_f \ln \left| \frac{f_N - f_\infty}{f_I - f_\infty} \right| \qquad (3-5)$$

[例1] 正在以某一方式运行的电力系统，运行机组的总额定容量为450MW，此时系统中负荷功率为420MW，负荷调节效应为$K_L = 2$，设这时突然发生事故，切除额定容量为100MW的发电机组，如不采取措施，求该电力系统的稳定频率值。

解：当时系统的热备用为450MW－420MW＝30MW，所以实际功率缺额为70MW，将有关数据代入式（3-3）得

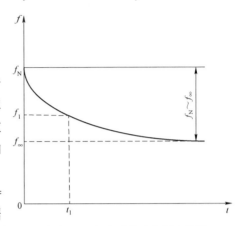

图3-10　电力系统动态频率特性

$$\Delta f_* = \frac{\Delta P_{L\cdot\Sigma*}}{K_L} = 0.833$$

$$\Delta f = \Delta f_* \times f_N = 4.2 (\text{Hz})$$

所以，该系统稳态频率为50－4.2＝45.8（Hz）。

当发电机功率与负荷功率失去平衡时，系统频率f_*按指数曲线变化。虽然系统功率缺额$\Delta P_{L\cdot\Sigma}$值是变化的，但系统频率f_*的变化总可归纳为如下：

（1）由于Δf的值与$\Delta P_{L\cdot\Sigma*}$成比例，当$\Delta P_{L\cdot\Sigma*}$不同时，系统动态频率特性分别如图3-11中曲线a、b所示。比较两曲线可见，在功率缺额发生初期频率的下降速率df/dt与功率缺额的标幺值$\Delta P_{L\cdot\Sigma*}$成比例，即$\Delta P_{L\cdot\Sigma*}$值越大，频率下降的速率df/dt也越大。它们的频率稳定值分别为$f_{a\infty}$和$f_{b\infty}$。

（2）设系统功率缺额为$\Delta P_{L\cdot\Sigma}$，当频率下降至f_I时切除负荷功率P_{cut}，如果$P_{cut} > \Delta P_{L\cdot\Sigma}$，系统频率按指数曲线回升。如图3-11中曲线c所示。

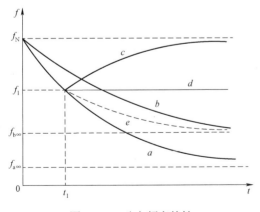

图3-11　动态频率特性

（3）上述系统功率缺额情况下，如果在f_I时切除负荷功率$P_{cut} = \Delta P_{L\cdot\Sigma}$值，则正好使系统频率$f_*$维持在$f_I$运行，那么它的频率特性如图3-11中直线d所示。

（4）设频率下降至f_I时切除的负荷功率为P_{cut}，且P_{cut}小于上述情况的$\Delta P_{L\cdot\Sigma}$，这时系统频率f_*将继续下降，如果这时系统功率缺额对应的稳态频率也为$f_{b\infty}$，于是系统频率的变化过程如图3-11中曲线e所示。当下降至第二级整定频率f_2，第二轮切除负荷，以此类推。

比较b、e两曲线可见，如能及早切除负荷

功率，可延缓系统频率下降。

3.3.2 对按频率自动减负荷装置的基本要求

3.3.2.1 对按频率自动减负荷装置的基本要求

（1）在各种运行方式且功率缺额的情况下，按频率自动减负荷装置能按整定有顺序地切除负荷，系统频率回升到恢复频率范围内。一般要求恢复频率 f_b 低于系统额定频率，为 49.5～50Hz 之间。

（2）应有足够的负荷接于按频率自动减负荷装置上。当系统出现最严重功率缺额时，按频率自动减负荷装置能切除足够的负荷，能使系统频率回升到恢复频率。

（3）按频率自动减负荷装置应根据系统功率缺额的程度、频率下降的速率快速切除负荷。

（4）供电中断，频率快速下降，按频率自动减负荷装置应可靠闭锁，不应误动。

（5）电力系统发生低频振荡及谐波干扰时，不应误动。

3.3.2.2 按频率自动减负荷装置的动作顺序

在电力系统出现较大功率缺额时，必须断开部分负荷来保证系统安全运行，这对被切用户无疑会造成不小的影响，因此，应尽可能减少切除负荷。而接于低频减负荷装置的总功率是按系统最严重的功率缺额来考虑的。所以对于各种事故可能造成的功率缺额，都要求按频率自动减负荷装置能做出正确判断，分批切除相应数量的负荷功率，才能取得较为满意的结果。

按频率自动减负荷装置是在电力系统发生事故、系统频率下降过程中，按照频率的不同数值按顺序地切除负荷。也就是将按频率自动减负荷装置的总功率 $\Delta P_{L.\Sigma max}$ 分配在不同启动频率值来分批地切除，以适应不同功率缺额的需要。根据启动频率的不同，按频率自动减负荷可分为若干级，也称为若干轮。

为了确定按频率自动减负荷装置的级数，首先应定出装置的动作频率范围，即选定第一级启动频率 f_1 和最末一级启动频率 f_n 的数值。

（1）第一级启动频率 f_1 的选择。由系统动态频率特性曲线可知，在发生事故功率缺额初期，如能及早切除负荷这对于延缓频率下降过程是有利的。因此，第一级的启动频率值宜选择得高些，但又必须计及电力系统启动旋转备用容量所需的时间延迟，避免因暂时性频率下降而误切负荷，所以一般第一级的启动频率整定在 48.5～49.2Hz。

（2）末级启动频率 f_n 的选择。电力系统允许最低频率受安全运行以及可能发生"频率崩溃"的限制，对于高温高压的火电厂，频率低于 46～46.5Hz 时，厂用电已不能正常工作。在频率低于 45Hz 时，就有"频率崩溃"的危险。因此，末级的启动频率以不低于 47Hz 为宜。

（3）频率级数及级差选择。当 f_1 和 f_n 确定以后，就可在该频率范围内按频率级差 Δf 分成 n 级断开负荷，即

$$n = \frac{f_1 - f_n}{\Delta f} + 1 \qquad (3-6)$$

级数 n 越多，每级断开的负荷越小，装置所切除的负荷量就越有可能接近于实际功率缺额，具有较好的适应性。

（4）动作时限。按频率自动减负荷装置动作时原则上应尽可能快，这样有利于减缓系统频率下降，动作延时不宜超过 0.2s。同时必须考虑系统频率短时波动时，躲过暂态过程中装置可能出现的误动。

（5）附加级。在按频率自动减负荷装置的动作过程中，当第 i 级启动切除负荷以后，如系统频率仍继续下降，则下面各级会相继动作，直到频率下降被制止为止。如果出现的情况是：第 i 级动作后，系统频率可能稳定在 f_i，低于恢复频率 f_h，但又不足以使第 i+1 动作，于是系统频率将长时间在低于统复频率 f_h 下运行，这是不允许的。因此要设置附加级来切除负荷，以使系统频率能恢复到允许值 f_h 以上。

附加级的动作频率应不低恢复率 f_h 的下限。由于附加级是在系统频率已经比较稳定时动作的，因此其动作时限可以取系统频率变化时间常数 T_x 的 2－3 倍。装置最小动作时间可为 10～15s。

附加级可按时间分为若干级，其启动频率相同，但动作时延不一样，各级时间差级差不宜小于 10s，按时间先后次序分批切除负荷，以适应功率缺额大小不等的需要。

附加级切除的功率应按最不利的情况来考虑，即低频减载装置切除负荷后系统频率稳定在可能最低的恢复频率值，按此条件考虑附加级所切除负荷功率的最大值，足以使系统频率恢复到 f_h。

3.3.3 按频率自动减负荷装置

3.3.3.1 按频率自动减负荷装置的配置

电力系统中装设按频率自动减负荷装置，应根据电力系统的结构和负荷的分布情况，分散装设在相应的变电站内，图 3－12 为某一变电站的按频率自动减负荷装置原理框图。由图可见，当系统频率降低到 f_i 时，全系统变电站内按频率自动减负荷装置第 i 级均动作，切除各自相应的负荷 P_{cuti}。

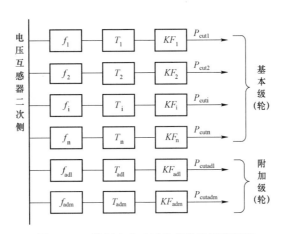

图 3－12　按频率自动减负荷装置原理框图

3.3.3.2 按频率自动减负荷装置误动作的原因及防止措施

（1）系统中旋转备用起作用前误动。防旋转备用起作用前误动措施之一是按频率自动减负荷装置前几级带一定延时；其二是在频率恢复到额定值时自动重合闸，将误切的负荷重新投入。

（2）系统短路故障引起有功功率突增而误动。为防止系统短路故障引起有功功率突增而误动措施之一是快速切除短路故障；其二是采用按频率变化率 df/dt 的自动重合闸。

（3）供电电源中断，负荷反馈引起按频率自动减负荷装置误动。防止这类误动，通常采用以下措施：

1）缩短供电中断时间；

2）带一定时限，躲过负荷反馈的影响；

3）加电流闭锁或电压带时限闭锁；

4）频率变化率闭锁方式。该方式利用系统频率下降的速率 df/dt 来判断是系统功率缺额引起的频率下降，还是电源中断负荷反馈时的频率下降。运行经验表明，当 $df/dt < 3\text{Hz/s}$ 时，认为是系统功率缺额引起的频率下降，装置动作；当 $df/dt \geqslant 3\,\text{Hz/s}$ 时，认为是系统功率缺额引起的频率下降，装置动作，切除相应负荷。目前这种闭锁方式得到广泛的应用。

5）防止低频过切负荷的措施。在按频率自动减负荷装置动作过程中，会出现前一级动作后系统的有功功率已经不再缺额，频率开始回升，但频率回升的拐点可能在下级动作范围之内，第一级切负荷后频率开始上升，但在第二级频率定值以下的时间超过了第二级的延时定值 T_2，则第二级动作，不必要地多切了负荷，导致频率上升超过了正常值，如图 3-13 中虚线所示。因此在每一基本级动作的判据中增加 $df/dt > 0$ 的闭锁判据，可以有效防止过切现象发生。

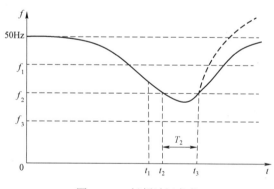

图 3-13 低频过切负荷

3.3.3.3 频率电压紧急控制装置工作原理

电力系统运行有时会出现有功功率和无功功率同时缺额，这两种功率缺额相互影响。如无功功率缺额会引起系统电压下降，使负载消耗的有功减少，这时频率下降不多，低频减负荷装置不能动作，因此单靠按频率自动减负荷装置不能保证系统稳定运行，此时可设置低电压切负荷装置。具有低频、低压自动减负荷功能的装置也称频率电压紧急控制装置，如 RCS – 994A、RCS – 994B 等。以下只讨论自动低频减负荷部分。

（1）启动元件。频率电压紧急控制装置具有独立的启动元件，启动元件动作后开放出口继电器回路的正电源。

低频启动条件：$f \leqslant 49.5\text{Hz}$；$t \geqslant 0.05\text{s}$。

（2）低频自动减负荷的动作条件。

1）基本轮（基本级）动作条件。

低频启动：$f \leqslant 49.5\text{Hz}$；$t \geqslant 0.05\text{s}$

低频第一轮动作：$f \leqslant f_1$；$t \geqslant T_{f_1}$，若 $D_{f_1} \leqslant -\mathrm{d}f/\mathrm{d}t \leqslant D_{f_2}$，$t \geqslant T_{f_{a2}}$ 切第一轮负荷，加速切第二轮负荷；若 $D_{f_2} \leqslant -\mathrm{d}f/\mathrm{d}t \leqslant D_{f_3}$，$t \geqslant T_{f_{a23}}$ 切第一轮负荷，加速切第二、三轮负荷。

低频第二轮动作：$f \leqslant f_2$，$t \geqslant T_{f_2}$，切除该轮负荷。

低频第三轮动作：$f \leqslant f_3$，$t \geqslant T_{f_3}$，切除该轮负荷。

低频第四轮动作：$f \leqslant f_4$，$t \geqslant T_{f_4}$，切除该轮负荷。

式中　$f_1 \sim f_4$——基本级低频第一、二、三、四轮频率定值；

$\quad\quad T_{f_1} \sim T_{f_4}$——基本级低频第一、二、三、四轮延时定值；

$\quad\quad D_{f_1}$、$T_{f_{a2}}$——加速切第二轮频率变化率 $\mathrm{d}f/\mathrm{d}t$ 定值及延时定值；

$\quad\quad D_{f_2}$、$T_{f_{a23}}$——加速切第二、三轮频率变化率 $\mathrm{d}f/\mathrm{d}t$ 定值及延时定值；

$\quad\quad\quad D_{f_3}$——频率变化率 $\mathrm{d}f/\mathrm{d}t$ 闭锁定值。

2）特殊轮（附加级）动作条件。

低频启动：$f \leqslant 49.5\text{Hz}$，$t \geqslant 0.05\text{s}$。

低频特殊第一轮动作：$f \leqslant f_{s1}$，$t \geqslant T_{f_{s1}}$，切除相应负荷。

低频特殊第二轮动作：$f \leqslant f_{s2}$；$t \geqslant T_{f_{s2}}$，切除相应负荷。

式中　f_{s1}、f_{s1}、$T_{f_{s1}}$、$T_{f_{s2}}$——特殊（附加）第一、二轮频率定值及延时定值。

（3）低频减负荷逻辑框图。低频减负荷动作逻辑如图 3 – 14 所示。

1）防止负荷反馈、高次谐波、电压回路接触不良等异常情况下引起装置误动作的闭锁措施；

a. 低电压闭锁。当正序电压 $< 0.15U_\text{N}$ 时，不进行低频判断，闭锁出口；

b. $\mathrm{d}f/\mathrm{d}t$ 闭锁。当 $-\mathrm{d}f/\mathrm{d}t \geqslant D_{f_3}$ 时不进行低频判断，闭锁出口。$\mathrm{d}f/\mathrm{d}t$ 闭锁后直到频率再恢复至启动频率值以上时，才自动解除闭锁；

c. 频率值异常闭锁。当 $f < 42\text{Hz}$ 或 $f > 58\text{Hz}$ 时，认为测量频率值异常。当装置检测到一段母线的频率异常或电压消失时，将低频元件输入电压自动切换到另一段母线电压，若装置判断出两段母线均频率异常或电压消失，则不进行低频判断，并立即闭锁出口。

2）防止低频过切负荷的措施。在每一基本级动作的判据中增加 $\mathrm{d}f/\mathrm{d}t > 0$ 的闭锁判据，可有效防止过切现象，即每一基本轮同时满足以下 3 个条件时才能动作出口：

$f < f_i$；$\mathrm{d}f/\mathrm{d}t \leqslant 0$；$t \geqslant T_{f_i}$。其中 i 表示第 i 轮，$i = 1 \sim 4$。

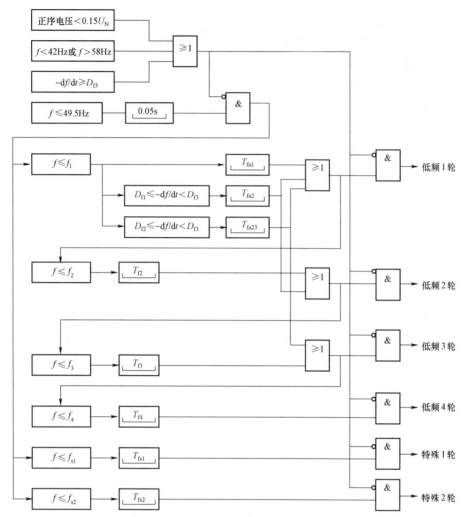

图 3-14 低频减载动作逻辑框图

二 次 回 路 识 图

4.1 二次回路的基本概念

根据电气设备在电力系统中的作用，通常将其分为一次设备和二次设备。

一次设备是指直接用于生产、输送、分配电能的电气设备，如发电机、变压器、电力电缆、输电线路、电力母线、断路器、隔离开关、避雷器等。由一次设备连接在一起构成的电路，称之为一次接线或称主接线。

二次设备是指用于对一次设备的工况进行监测、控制、调节和保护的电气设备，主要包括测量仪表、监视控制设备、继电保护自动装置以及通信设备等四个部分。由二次设备连接在一起构成的电路，称之为二次接线或二次回路。

4.2 二次回路识图的基本方法

用以描述二次回路的电气工程图，称为二次接线图或二次回路图。二次回路图是电力系统安装、运行和检修的重要图纸资料。因此，二次回路的正确识读，是继电保护工作中最基础，也是最重要的技能之一。

在阅读图纸前，应首先了解图纸中继电保护装置的原理，找到图纸上对应的设备名称和符号，然后再阅读图纸。识图的规律可归纳为以下两句顺口溜：

> "先交流，后直流；交流看电源，直流找线圈；抓住触点不放松，一个一个全查清。"
> "先上后下，先左后右，屏外设备一个也不漏。"

"先交流，后直流"，是指阅读图纸时，先阅读交流回路，然后再阅读直流回路。这是因为一般交流回路比较简单，而且必须先明确交流回路随故障电气量变化的情况，才能在直流回路中明确触点的变化情况，进行逻辑推断。

"交流看电源，直流找线圈；抓住触点不放松，一个一个全查清"，是指交流回路要先从电源处着手，判断电流（电压）回路中电源是来自于哪一组电流（电压）互感器，明确该回路电流（电压）的作用、与直流回路的关系；直流回路要从线圈入手，找出反应电流（电压）变化的继电器线圈及其符号，在直流回路中找出对应的触点，从而确定整个回路的逻辑动作情况。

"先上后下，先左后右，屏外设备一个不漏"，主要是针对安装接线图而言，要求查看设备一般应当按照从上往下，从左往右的顺序，与屏外有联系的回路编号不能遗漏。

4.3 二 次 接 线 图 的 分 类

在电力系统安装、生产中，按作用二次接线图可分为原理接线图❶和安装接线图。下面对每种接线图进行介绍。

4.3.1 原理接线图

原理接线图是描述二次回路工作原理的接线图，分为归总式原理接线图和展开式原理接线图。

4.3.1.1 归总式原理接线图（简称原理图）

在归总式原理接线图中（见图4－1），与二次回路有关的一次设备和一次回路绘制在同一处，所有的一次设备和二次设备都以整体的形式在图纸中体现出来。

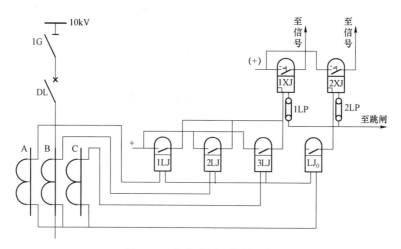

图4－1 归总式原理接线示例

4.3.1.2 展开式原理接线图（展开图）

展开式原理接线图（见图4－2）按照供给二次设备的独立电源来划分、绘制的二次接线图。展开图主要包括交流电流回路、交流电压回路、直流控制回路、信号回路等。展开图需要遵循相关的原则和规律，主要有以下几点：

（1）二次设备须按统一规定的图形符号和文字符号绘制；

（2）二次设备的线圈和触点须分开画在各自所属回路，同一设备文字符号必须相同；

（3）二次设备的连接顺序一般应从左到右，从上到下，接线图右侧有对应文字说明；

（4）设备触点采用设备断开或未通电时的对应状态；

---

❶ 一般情况下，原理接线图不能作为二次回路的施工图。

（5）二次设备连接按等电位原则和规定的数字进行编号；

（6）同一设备及其触点不在同一图纸时，应注明引来或去处。

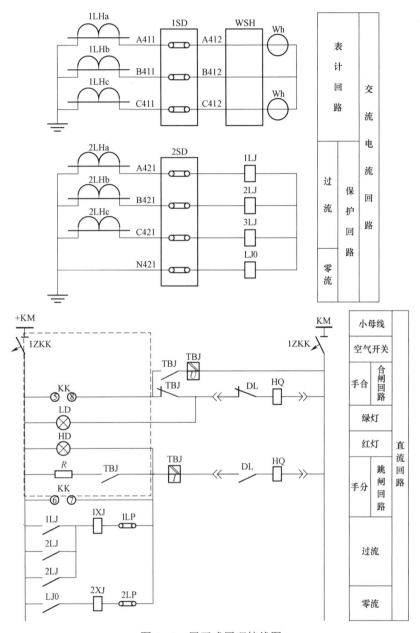

图 4－2　展开式原理接线图

4.3.2　安装接线图

安装接线图根据原理接线图绘制，包括屏面布置图和屏背面接线图，其中屏背面接线图又可分为屏内设备接线图和端子排安装接线图。安装接线图是安装、运行和检修等工作的主要参考图纸。

4.3.2.1　屏面布置图

屏面布置图（见图4-3）各个二次设备的位置、排列顺序以及相互尺寸，应按统一比例绘制。屏上设备从上而下排列顺序为仪表、光字牌、控制开关和信号灯等，屏后有熔断器、空气开关、电阻器等，屏顶有小母线。屏面布置根据电压等级不同，安装位置不同，一般来说35～110kV间隔保护布置采用单独立屏方式、10kV间隔保护布置于开关柜的二次小室内。布置图中通常会给出相应的设备表，设备元件表形式如表4-1所示。

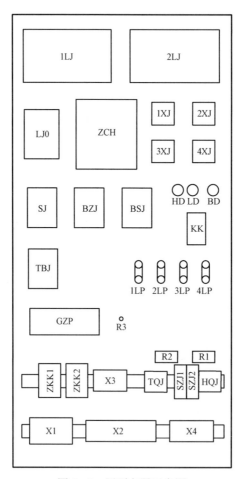

图4-3　屏面布置示意图

表4-1

设备元件表

编号	符号	名称	型号及规范	单位	数量	备注
安装单位Ⅰ　XXX						
1，2	ZKK1～2	电源开关	7SJ63，6A	只	2	
3	GZP	组合式光字牌	XD10 220V	只	3	

编号	符号	名称	型号及规范	单位	数量	备注
		安装单位Ⅱ XXX				
4，5	1LJ，2LJ	过流继电器	DGL－21/10	只	2	
6	LJ_0	零流继电器	DL－11/6	只	1	
12～15	1XJ～4XJ	信号继电器	DX－11A	只	4	
7	SJ	时间继电器		只	1	
8	ZCH	重合闸继电器	BCH－1/110V	只	1	
9，10	HD、LD	红灯、绿灯	110V	只	2	
11	KK	转换开关		只	1	

4.3.2.2 屏背面接线图

屏内设备接线图（又称屏后接线图），可以表明从屏后观察到的二次设备位置和排列顺序，以及屏上二次设备在屏后的连接关系。

在屏内设备接线图中，对连接各设备和端子排的连接线一般采取相对编号法❶进行编号，用以说明这些设备相互连接的关系。屏内设备接线图表示方法例如连接接线柱 A 的连接接线套管上标注接线柱 B 的编号，连接接线柱 B 的连接线套管上标注接线柱 A 的编号，这表明 A、B 两接线柱之间应连在一起。样式见图 4－4。

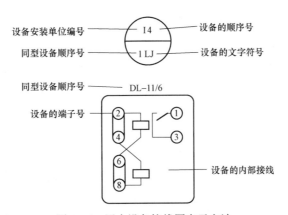

图 4－4　屏内设备接线图表示方法

端子排安装接线图（端子排图，见图 4－5）用于表示屏与屏之间电缆的连接和屏上设备连接情况。为方便安装和查线，端子排自上而下排列时，顺序通常为交流电流回路、交流电压回路、信号回路、控制回路、其他回路和转接回路。这样排序还有一个好处就是可以节省导线。

---

❶　又常称为对端标注。

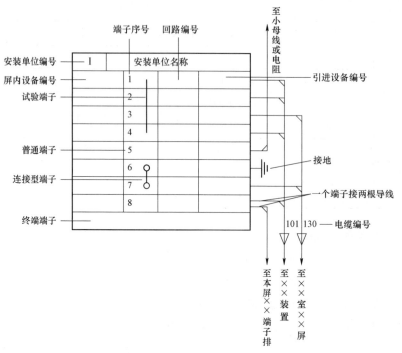

图 4-5　端子排安装接线图表示方法

4.4　二次回路符号标号原则

二次接线图中的设备、元件或功能单元等项目及其连接关系必须用图形符号、文字符号和回路标号表示。图形符号和文字符号用以表示二次回路中的项目,回路标号用以区别项目之间相互连接的各个回路。

4.4.1　图形符号

图形符号是用图样或其他文件用以表示一个设备或概念的图形、标记。图形符号既可以用来代表电器工程中的事物,也可以用来表示电气工程中与实物对应的概念。

图形符号一般都是表示在无电压、无外力作用的状态,这种状态称为正常状态,又可称为复位状态。与常态相反的状态称为动作状态,由常态向动作状态变化的过程称为"动作",由动作状态向常态变化的过程称为"复位"。如继电器线圈未通电时,继电器触点处于断开位置,称此触点为"动合触点"或"常开触点",意思就是常态下处于断开的触点,在动作后才处于闭合状态。同理"动断触点"或"常闭触点"代表在常态下处于闭合的触点,在动作后才处于断开状态。常见触点类型如图 4-6 示意。

工程设计绘制电气图采用的电气图形符号,必须遵循国标 GB/T 4728—2000《电气简图用图形符号》。

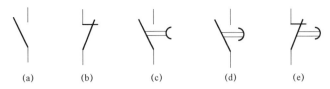

图 4-6 常见触点类型示意图

（a）常开触点；（b）常闭触点；（c）延时闭合的常开触点；（d）延时断开的常开触点；（e）延时闭合的常闭触点

4.4.2 文字符号

文字符号作为限定符号与一般图形符号组合使用，可以更详细地区分不同设备（元件）以及同类设备（元件）中不同功能的设备（元件）或功能单元等项目。它是电气设备、装置、元器件的种类字母代码，分基础文字符号和辅助文字符号。一般采用大写拉丁字母。

早期的国家标准规定文字符号及回路标号采用汉语拼音字母，按照目前国家标准 GB 5094—1985《电气技术中的项目代号》和 GB 7159—1987《电气技术中的文字符号制订通则》规定的原则，编制常用电气设备（元件）等代号的一般原则是：

（1）同一设备（元件）的不同组成部分必须采用相同的文字符号。

（2）文字符号按有关电气名词的英文术语缩写而成，采用该单词的第一位字母构成文字符号，一般不超过三位字母。如果在同一展开图中同样的项目不止一个，则必须对该项目以文字符号加数字编序。同一电气单元、同一电气回路中的同一种项目的编序，用平身的阿拉伯数字表示，放在项目文字符号的后面；不同电气单元、不同电气回路中的同一种项目的编序，用平身的阿拉伯数字表示，放在项目文字符号的前面。如果继电器有多副触点，还要标明它们的触点序号，继电器序号在前，触点序号在后，中间可用"—"符号连接。

4.4.3 回路标号

为了便于安装、运行和维护，在二次回路中的所有设备间的连接都要进行回路标号。标号一般采用数字或数字和文字的组合，它表明了回路的性质和用途。

4.4.3.1 基本原则

凡是各设备间要用控制电缆经端子排进行联系的，都要按回路原则进行标号。此外，某些装在屏顶上的设备与屏内设备的连接，也需要经过端子排，此时屏顶设备可看作是屏外设备，而在其连接线上同样按回路标号原则给以相应的标号。为了明确起见，对直流回路和交流回路采用不同的标号方法，而在交、直流回路中，对各种不同的回路赋予不同的数字符号，便于维护和检修人员看到标号就知道回路性质。

4.4.3.2 基本方法

（1）回路标号一般是按功能分组，并分配每组一定范围的数字，然后对其进行标号。标号数字一般由三位数或三位数以下的数字组成，当需要标明回路的相别和其他特征时，可在数字前增注必要的文字符号。

（2）回路标号按等电位原则进行标注，即在电气回路中连于一点的所有导线，不论其根数多少均标注同一数字。当回路经过开关或继电器触点时，虽然在接通时为等电位，但断开时开关或触点两侧的电位不等，所以应给予不同的标号。

4.4.4 交直流回路标号细则

目前国内设计图纸对回路标号趋向于简化。以下摘选西北电力《电气工程设计手册》提供二次回路标号，以供参考。回路标号由"约定标号＋续数字"构成，约定标号如表4－2所示。

表4－2 导 线 的 约 定 标 识 表

序号	回路（导线）名称	约 定 标 号
1	保护回路	0
2	控制回路	1－4
3	信号葫芦	7
4	断路器遥信回路	80
5	断路器机构回路	87
6	交流电流回路（测量及保护）	A1、A2、…
7	交流电压回路	A6、A7、…

序数字只要起到区别作用即可。如果要约定，约定下面四种：

正级导线：序数号约定为01；

负极导线：序数号约定为02；

合闸导线：序数号约定为03；

跳闸导线：序数号约定为33。

约定的目的主要是引起工作人员重视，当01与03相碰时，会引起合闸；当01与33相碰时，会引起跳闸；当01与02相碰时，则会引起电源短路。

通过约定数字标号＋序数字后缀，可以规范二次交直流回路的数字标号组。见表4－3。

表4－3 交直流回路数字标号组

序号	回 路 名 称	数字标号组			
		一	二	三	四
1	正电源回路	101	201	301	401
2	负电源回路	102	202	302	402
3	合闸回路	103	203	302	403
4	跳闸回路	133	233	333	433
5	保护回路	01～099			
6	信号及断路器遥信回路	701～799 801～899			

序号	回 路 名 称	数字标号组			
		一	二	三	四
7	互感器的文字符号	回路标号组			
		A（U）相	B（V）相	C（W）相	中性线	零序
8	保护装置及测量表计（TA）	A11～A19	B11～B19	C11～C19	N11～N19	L11～L19
9	保护装置及测量表计（TA1-1）	A111～A119	A111～A119	C111～C119	N111～N119	L111～L119
10	保护装置及测量表计的电压回路（TV）	A611～A619	B611～B619	C611～C619	N611～N619	L611～L619

4.5 二 次 回 路 识 图

二次回路按照回路的功能可分为：操作电源回路、断路器控制回路、互感器回路、信号回路、继电保护回路、自动装置回路。

4.5.1 操作电源回路

4.5.1.1 蓄电池操作电源

变电站的操作电源可以采用直流电源，也可采用交流电源。蓄电池操作电源是由一定数量的蓄电池串联成组供电的一种与电力系统运行方式无关的直流电源系统（见图4-7），供电可靠性高，蓄电池电压平稳、容量较大，能够满足变电站直流负荷及变电站对操作电源的基本要求，因此是目前变电站普遍采用的操作电源。

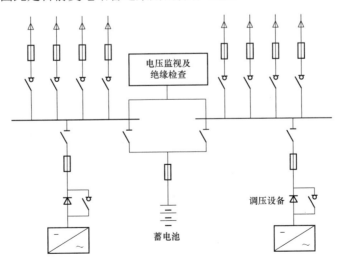

图4-7 蓄电池直流系统系统接线方式

变电站直流负荷分为经常性负荷、事故负荷和冲击性负荷。经常性负荷是指在正常运行时，由直流电源不间断供电的负荷。事故性负荷是指当变电站失去交流电源全站停电时，由直流电源供电的负荷。冲击性负荷是断路器合闸时短时冲击电流。

变电站对操作电源的基本要求如下：

（1）保证供电的可靠性。变电站应装设独立直流操作电源，以免交流系统故障时，影响操作电源的正常供电。

（2）具有足够的容量，能满足各种工况对功率的要求。

（3）具有良好的供电质量。正常运行时，操作电源母线电压波动范围小于5%额定值；事故时不低于90%额定值；失去浮充电源后，在最大负载下的直流电压不低于80%额定值；直流电源的波动系数小于5%。

蓄电池充电方式有均衡充电和浮充电，一般采用浮充电，即在交流电源正常是，充电设备的直流输出端和蓄电池及直流负载并接，以恒压的方式对蓄电池组进行浮充电以保持容量，同时，充电设备承担经常性负荷供电。

4.5.1.2 直流电源分配

（1）直流电源引入至各电气间隔。配置直流分配屏。在直流分配屏上选取分别接于Ⅰ、Ⅱ两段直流母线的馈线空气开关，敷设两路直流电源电缆至各电气间隔。

（2）各间隔内屏与屏之间直流控制电源分配。Ⅰ、Ⅱ组直流电源首先引入至各电气间隔控制屏（测控屏）、在控制屏（测控屏）上安装两个空气开关，分别作为主控制电源、再由控制屏敷设两路电源电缆至保护屏。

（3）各间隔保护屏内电源分配。各装置电源的分配以能实现装置单独断电而不影响操作电源和其他装置为原则，由保护屏端子分别配线至屏后顶部操作电源空气开关、装置电源空气开关上端，空气开关互相之间不联系；屏内操作回路、各装置电源由屏后空气开关下端引下。单操作继电箱的直流分配示意见图4-8。

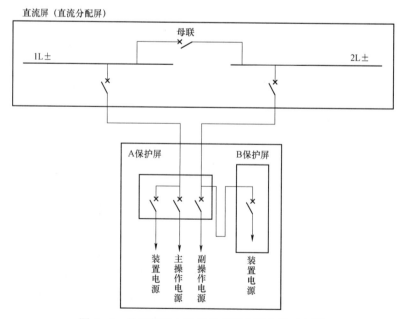

图4-8 单操作继电器箱的直流电源分配示意图

（4）直流绝缘监察装置。变电站直流系统是不接地系统，当发生一点接地时，由于没有形成短路电流。不会影响直流系统的正常工作，但此时的直流系统已处于不正常状态，若直流系统再发生另一点接地，则可能引起二次设备的不正确的动作，甚至使直流回路的自动空气开关跳开、熔断器熔断等，造成直流系统供电中断。因此，在直流系统中必须装设直流系统绝缘监察装置。

对直流绝缘监察装置的基本要求：① 应能正确反映直流系统中任一极绝缘电阻下降。当绝缘电阻降至 15～20kΩ 及以下时，应发出灯光和音响预告信号。② 应能测定正级或负极的绝缘电阻下降，以及绝缘电阻的大小。③ 应能查找直流系统发生接地的地点。

1）电源切换回路。如图 4-9 所示，绝缘电阻测量电路分别经 FU1 和 FU2 接 I 、II 段直流母线；信号电路分别经 FU3 和 FU4 接 I 、II 段直流母线。该直流绝缘监察装置中绝缘电阻测量电路只有一套，为 I 、II 段直流母线公用，通过测量转换开关 SM 可将绝缘电阻测量电路分别投切到任一段直流母线。而信号电路是每段直流母线均配有（图中只显示其中一套），但当两组母线并列运行时，只投一套信号电路。从图中可见，两组母线并列运行时，QK1 和 QK2 动断触点断开，K1 对应的信号电路退出。

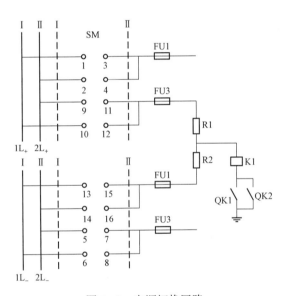

图 4-9　电源切换回路

2）信号回路。信号回路如图 4-10 所示。图中 $R_1 = R_2 = 10$kΩ，与正级绝缘电阻 R_+ 和负极绝缘电阻 R_- 组成电桥。直流系统正常时，电桥平衡，K1 中无电流，K1 不动作，不会发出直流绝缘下降信号。当某一极绝缘电阻下降，电桥失去平衡，若绝缘电阻下降越多，则流过 K1 的电流越大。当绝缘电阻达到或低于 15～20kΩ 时，K1 对应的信号电路退出。

3）绝缘电阻下降的极性测量回路。绝缘电阻下降的极

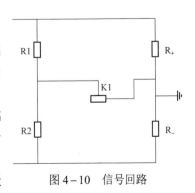

图 4-10　信号回路

性测量电路如图 4-11 所示。该电路由选择开关 SA 和高内阻电压表 PV1 组成。SA 的三个位置分别是 "+"、"—" 和 "m"。PV1 可测量正级对地电压 U_+、负极对地电压 U_- 和直流母线电压 U_{+m}。当直流系统正常时,,$U_+ = 0$,$U_- = 0$;当负极绝缘电阻下降时,$U_+ \leqslant U_m$,$U_- = 0$;当正极绝缘电阻下降时,$U_+ = 0$,$U_- \leqslant U_m$。

4）绝缘电阻测量电路。绝缘电阻测量电路如图 4-12 所示。图中 $R_3 = R_4 = R_S = 1\text{k}\Omega$,它们和 R_+、R_- 构成直流电桥。PV2 是一个高内阻电压表,盘面采用电压刻度和欧姆刻度,用于测量直流系统总的绝缘电阻。SM1 是转换开关,通常情况下,位于 "S" 位置。

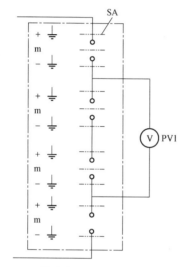

图 4-11　绝缘电阻下降的极性测量回路

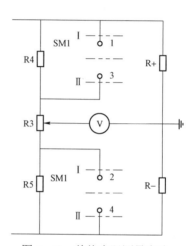

图 4-12　绝缘电阻测量电路

4.5.2　控制回路

4.5.2.1　断路器控制方式

对于变电站内各电力设备的控制,主要就是对这些设备所在回路的断路器进行控制,它对应包括正常停、送电情况下由值班员对断路器的手动分、合闸控制以及故障情况下由保护和其他自动装置完成的自动分、合闸控制。其中由值班员对断路器的手动分、合闸控制又可分为以下几种方式。

依据控制地点的不同,分为远方控制和就地控制。一般来讲,利用监控主机在变电站主控室、集中控制中心或调度中心对断路器进行的控制称为远方控制或遥控控制。利用控制开关在控制室测控柜或断路器柜体面板上对断路器进行的控制称为近控控制或就地控制。断路器就地控制、测控柜上就地控制与监控主机远方控制三者之间在电气回路上能够方便地进行切换,以实现切换远方操作或就地操作的不同需求。对于综合自动化变电站来说,测控柜上的就地控制是远控控制的后备手段,断路器的就地控制主要用于断路器检修或紧急情况下的分闸。

按照被控对象数目的不同,对断路器的控制又可分为 "一对一" 控制和 "一对 N"

选线控制。"一对一"控制室利用一个控制设备控制一台断路器,"一对 N"的选线控制是利用一个控制设备通过选择,控制多台断路器。110kV 以下一般采用"一对一"控制方式。

对断路器的控制还可分为强电控制和弱电控制、直流控制和交流控制等。强电控制电压一般为±220V 或±110V。

4.5.2.2 控制回路的基本要求

（1）断路器操动机构中的跳、合闸线圈是按短时通电设计,故在跳、合闸完成后应自动解除命令脉冲,切断跳、合闸回路,以防止跳、合线圈长时间通电。

（2）跳、合闸电流脉冲一般直接作用于断路器的跳、合线圈,但对电磁操动机构,合闸线圈电流很大（35~250A 左右）,须通过合闸接触器接通合闸线圈。

（3）无论断路器是否带有机械闭锁,都应具有防止多次跳、合闸的电气防跳措施。

（4）断路器既可利用控制开关或计算机监控主机进行手动合闸与跳闸操作,又可由继电保护和自动装置进行自动合闸与跳闸。

（5）应能监视控制电源及跳、合闸回路的完好性、对二次回路短路或过负荷进行保护。

（6）应有反映断路器状态的位置信号和自动跳、合闸的不同显示信号。

（7）对于采用气动、液压和弹簧操动机构的断路器,应有压力是否正常、弹簧是否拉紧到位的监视回路和闭锁回路。

（8）对于分相操作的断路器,应有监视三相位置是否一致的措施。

4.5.2.3 控制开关

控制开关在断路器控制回路中作为运行值班员进行正常停、送电的手动控制元件,正面为一个操作手柄和面板,安装在屏正面。与手柄固定在连接的转轴上有数节触点盒,安装在屏背后。控制开关采用旋转式,通过将手柄向左或向右旋转一定角度来实现从一种位置到另一种位置的切换。手柄可以做成带或不带自复机构两种类型,其中带自复机构的益用于发分、合闸命令,只允许触点在发命令时接通,在操作后自动复归原位。

几种常见型号转换开关:

（1）LW2 型:属于多触头控制开关每个触点盒内有 4 个静触点和 1 个动触点。动触点的形式有两种:一种是触点在轴上,随轴一起转动;另一种是触点片与轴有一定自由行程,当手柄转动角度在其自由行程以内时,可保持在原来位置上不动。其代号为 1、1a、2、4、5、6、6a、7、8 型触点时随轴转动的动触点;10、40、50 型触点在轴上有 45°自由行程;20 型触点在轴上有 90°的自由行程;30 型触点在轴上有 135°的自由行程。具有自由行程的触点切断能力较小,只适合信号回路。

表 4-4 为 LW2 型开关常用分合闸触点与开关位置旋钮闭合对应关系,此种转换开关有两个固定位置（垂直和水平）和两个操作位置（由垂直位置再顺时针转）。由于具体自由行程,所以开关的触点位置共有 6 种状态,即"预备合闸"、"合闸"、"合闸后"、"预备跳闸"、"跳闸"、"跳闸后",能够把跳、合闸操作分两步进行。

表 4-4 　　　　　　　　　　　　　　　　　LW2 型控制开关触点图表

在"跳闸"后位置的手把（正面）的样式和触点盒（背面）接线图	合 跳	1 2 4 3		5 6 8 7	
手柄和触点盒的形式	F8	1a		4	
位置 ＼ 触点号	—	1-3	2-4	5-8	6-7
跳闸后	（图）	—	×	—	×
预备合闸	（图）	×	—	—	—
合闸	（图）	—	—	×	—
合闸后	（图）	×	—	—	—
预备跳闸	（图）	—	×	—	—
跳闸	（图）	×	—	—	×

当断路器为断开状态，操作手柄置于"跳闸后"的水平位置。需进行合闸操作时，首先将手柄顺时针旋转 90°至"预备合闸"位置，再旋转 45°至"合闸"位置，此时 4 型触点盒内触点 5-8 接通且仅在此位置接通，发出合闸脉冲。断路器合闸后，松开手柄，操作手柄在复位弹簧作用下，自动返回至垂直位置"合闸后"。进行跳闸操作时，将操作手柄从"合闸后"的垂直位置逆时针旋转 90°至"预备跳闸"位置，再继续旋转 45°至"跳闸"位置，此时 4 型触点盒内触点 6-7 接通且仅在此位置接通，发跳闸命令脉冲。断路器跳闸后，松开手柄使其自动复归至水平位置"跳闸后"。采用两个固定位置和两个操作位置的控制开关，把合、分闸操作均分为两步进行，其目的是防止误操作。

（2）LW21-16/4.0653.3 型控制开关。LW21-16/4.0653.3 型控制开关触点如表 4-5 所示，该开关手柄有一个固定位置和两个操作位置，因而跳合闸操作均只能一步完成。

表 4-5 　　　　　　　　　　　　　　　　　LW21-16/4.0653.3 型控制开关触电图表

运行方式 ＼ 触点		3-4 7-8	1-2 5-6	C　　　　　　T
合闸	↑	×	—	① ②
	↗	—	—	③ ④
跳闸	↖	—	×	⑤ ⑥ ⑦ ⑧

100

（3）LW21－16D/49.6201.2 型控制开关。该开关位置与触点关系如表 4－6 所示。该开关手柄有两个固定位置和两个操作位置，触点盒的结构相对简单。

表 4－6　　　　　　　　LW21－16D/49/6201.2 型控制开关触点图表

运行方式 ＼ 触点		1－2　5－6	3－4　7－8
预备合闸、合闸后	↑	—	—
合闸	↗	—	—
预备分闸，分闸后	↘	—	—
分闸	↙	—	×

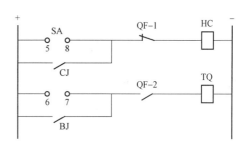

采用上述自动复位控制开关，需要另外配备远方和就地操作切换开关，才能在测控屏上实现远方和就地操作的转换。

4.5.2.4　断路器基本跳合闸回路

断路器最基本的合闸回路必须包含用于正常操作的手动合闸回路以及自动装置自动合闸回路；最基本的跳闸必须包括用于正常操作的手动跳闸回路以及继电保护装置自动跳闸回路以及继电保护装置自动跳闸回路。为此在远方或就地必须有能发出跳、合闸命令的控制设备、在断路器上应当有能执行命令的操作机构。控制设备与操动机构内的跳闸、合闸线圈等之间通过控制电缆连接，形成基本的断路器跳闸控制回路，如图 4－13 所示。图中 HC 是断路器合闸接触器、TQ 是断路器跳闸线圈。合闸回路由控制开关 SA 的合闸触点与自动装置合闸继电器的动合触点 CJ 连接起来构成。同理跳闸回路由 SA 的跳闸触点与继电保护装置中跳闸出口继电器的动合触点 BJ 并联后与跳闸线圈连接起来构成。

图 4－13　最基本的断路器跳合闸回路

在跳、合闸回路中都引入了断路器的辅助触点，其中，在断路器合闸回路中引入了动断触点 QF－1，在 QF 未进行合闸操作前它是闭合的，因此只要将控制开关的手柄转至合闸位置"C"，触点 5－8 接通（或自动装置合闸的触点闭合），合闸线圈即电流流过，断路器即进行合闸。当断路器合闸过程完成，与断路器传动轴一起联动的动断辅助触点即断开，自动地切断合闸线路线圈中的电流。同理，在跳闸回路中则引入了动合辅助触点 QF－2，只要将控制开关的手柄转至"跳闸"位置，触点 6－7 接通（或继电器的触点闭合），跳闸线圈即有电流流过，断路器即进行跳闸。当断路器跳闸过程完成，与断路器传动轴一起联动的动合辅助触点即断开，自动地切断跳闸线圈中的电流。在跳、合闸回路串入断路器辅助触点的目的有两个：

（1）跳闸线圈与合闸线圈是按短时通电设计的，在操作完成之后，通过触点自动地将操作回路切断，以保证跳、合闸线圈的安全。

（2）跳、合闸回路都是电感电路，如果经常由控制开关触点或继电器触点来切断跳、合闸操作电流，则容易将该触点烧毁。回路中串入了断路器辅助触点，就可由辅助触点切断电弧，以避免损坏上述触点。为此，要求辅助触点有足够的切断容量并要对其动触头的位置做精确调整。

4.5.2.5 断路器控制方式切换回路

为了满足断路器就地控制以及远方控制的的需求，在电气回路设计上能够方便地进行操作方式的切换。图4-14所示为常见综合自动化变电站线路断路器基本跳合闸回路。YK为切换就地和远方操作的选择开关，SA是手动分、合闸控制开关。当YK在就地位置时，YK的3-4和7-8触点接通，1-2和5-6触点断开。此时切换SA到"合闸"位置，SA的3-4触点闭合，接通断路器合闸线圈回路，实现就地合断路器；切换SA到"分闸"位置，SA的1-2触点闭合，接通断路器跳闸线圈回路，实现就地跳断路器。当YK切换至远方位置时，YK的5-6和1-2触点闭合，此时通过综合自动化系统远程执行遥控命令，YHJ闭合，实现远方合断路器；YTJ闭合，实现远方跳断路器。

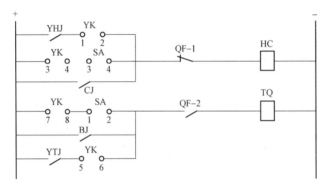

图4-14 断路器跳合闸回路的"就地"和"远方"切换

4.5.2.6 断路器防跳闭锁回路

当断路器合闸后，由于某种原因造成合闸自保持继电器TBJ的动合触点发出合闸命令的触点粘连的情况下，如果遇到一次系统永久性故障，继电保护动作使断路器跳闸，则会出现多次跳闸-合闸的"跳跃"现象。如果断路器带故障电流发生多次跳跃，容易损坏断路器，造成事故扩大。所以断路器控制回路必须设置防跳功能，以双线圈中间继电器构成的电气"防跳跃"回路如图4-15所示。

图中，在基本的分、合闸回路中加装一只双线圈的中间继电器TBJ，其中串联于跳闸回路中的是电流启动线圈；另一个线圈是电压自保持线圈，与自身的动合触点TBJ-1串接于合闸回路中。此外，在合闸回路中还串入一对动断触点TBJ-2。当利用控制开关SA或自动重合闸出口触点CJ进行合闸时，如合在短路故障上，继电保护动作，触点TBJ-1闭合，如果此时合闸脉冲未解除，则防跳继电器TBJ的电压线圈得以自保持。动断节点TBJ-2一直处于断开状态，切断合闸回路，使断路器不能再合闸。只有在合闸脉冲解除，防跳继

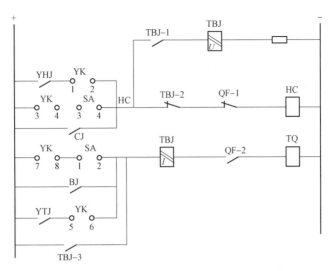

图 4 - 15   以双线圈中间继电器构成的电气"防跳跃"回路

电器 TBJ 电压线圈失电返回后，整个电路才能恢复正常状态。另外在跳闸回路中与继电保护装置跳闸出口继电器 BJ 并联接入的动合触点 TBJ - 3，使 TBJ 电流起动线圈的动作自保持，一直等到断路器的辅助触点 QF - 2 断开才能解除，其作用是为了防止继电保护装置出口跳闸继电器 BJ 的触点先于 QF - 2 断开而烧毁。

4.5.2.7   断路器位置监视回路

断路器位置信号是指示正常情况下，断路器所处的分、合位置状态在断路器操作时指示断路器状态的变位情况，通过信号必须有明显区别，以方便运行值班员的判断与处理。同时，位置监视还可以印证电源以及跳、合闸回路的完好性。

传统断路器位置监视回路的接线是遵循"不对应"原则。即运行值班员利用控制屏上控制开关进行断路器的分、合闸操作时，断路器的位置与控制开关是一致的，称之为"对应"，而因其他原因导致的断路器位置的改变，断路器的位置与控制开关的位置将出现不一致的现象，称之为"不对应"。例如断路器在合闸位置时，控制开关应置于"合闸后"的位置，两者是一致的，当一次系统发生故障，继电保护装置动作使断路器处于断开状态，而控制开关仍是在"合闸后位置"，两者就出现不一致。凡属自动跳闸或自动合闸都将出现控制开关与断路器不对应的情况，因此可以利用这一特征发出跳、合闸信号。接线原理如图 4 - 16 所示。

（1）红灯 HD 指示分析。断路器正常运行时，控制开关是处于"合闸后"位置，SA 的 13 - 16 触点接通控制回路正电源，HR 发出平光，指示断路器在合闸状态。

若断路器在运行中发生跳闸事件后，由自动装置进行自动合闸，由于控制开关是在"合闸后"位置，断路器重合成功后，红灯仍发平光。

若断路器在断开状态由自动装置进行自动合闸后，由于控制开关 SA 处在"分闸后"位置，此时红灯 HD 经 SA 的 14 - 15 触点接至闪光信号小母线（+），由于闪光信号电源是连续的间断脉冲，所以红灯开始闪光。将控制开关切换至"合闸后"位置，则控制开关与

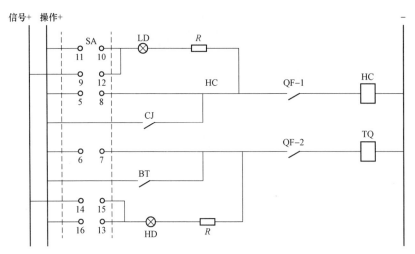

图 4-16　带有双灯指示的断路器跳、合闸回路

断路器两者的位置相对应，此时 SA 的 14-15 触点断开、SA 的 13-16 触点接通，则红灯闪光停止，又发出平光。

当值班人员手动操作使断路器跳闸时，先将控制开关打到"预备分闸"位置，此时红灯 HD 通过 SA 的 13-14 触点接通小母线（＋）开始闪光，再将 SA 置于"分闸"位置，断路器跳闸后 QF-2 打开、QF-1 闭合，红灯 HD 熄灭，绿灯 LD 通过 SA 的 10-11 触点接通控制回路正电源，发出平光，指示断路器已跳闸，将控制开关打到"分闸后"位置，操作完毕。

（2）绿灯 LD 指示分析。断路器退出运行后，控制开关是处于"分闸后"位置，SA 的 10-11 触点接通，LD 发出平光，指示断路器在分闸状态。

当手动操作使断路器合闸时，将控制开关打到"预备合闸"位置，此时绿灯 HD 开始闪光，再将 SA 置于"合闸"位置，直到断路器合闸，QF-2 打开、QF-1 闭合，则绿灯 LD 灭、红灯发出平光，指示断路器已合闸。将控制开关打到"合闸后"位置，操作完毕。

当断路器由继电保护动作自动跳闸时，控制开关仍处于在原来的"合闸后"位置，而断路器已经跳开，两者的位置不对应，此时绿灯 LD 经 SA 的 9-10 触点接至闪光信号电源小母线（＋），绿灯开始闪光，以引起值班人员的注意。当值班人员将控制开关切换至"跳闸后"位置时，则控制开关与断路器两者的位置相对应，绿灯闪光停止，绿灯 LD 经 SA 的 10-11 触点接通至控制回路正电源，又发出平光。

在手动操作过程由于不对应，信号指示灯闪光表明操作对象无误，闪光的停止将证明操作过程的完成。

（3）可以利用合闸位置中间继电器 HWJ 替代合闸位置指示灯 HD，利用分闸位置中间继电器 TWJ 取代 LD，如图 4-17 所示（仅画出分闸回路），位置继电器有多副动合与动断触点，可以根据需要形成相应的位置信号回路，向继电保护和综合自动化装置等提供所需要的断路器位置状态，例如：

1）利用合闸位置继电器和跳闸位置继电器同时失电，发"控制回路断线"预告信号及启动音响监视回路。

2）提供给母差保护、断路器三相不一致保护、重合闸装置等断路器位置状态。当触点数不够时，串联数个继电器以扩充节点数目。

3）可以取代断路器辅助触点启动事故音响回路。

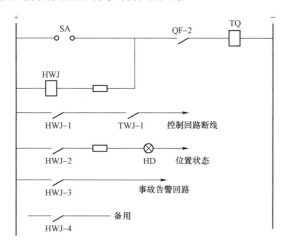

图 4-17　利用位置继电器指示断路位置的方式

4.5.3　信号回路

4.5.3.1　信号的类型

信号按其用途可分为：

（1）事故信号。当一次系统发生事故引起断路器跳闸时，由继电保护或自动装置动作启动信号系统发出的声、光信号，以引起运行人员注意。

（2）预告信号。当一次或二次电气设备出现不正常运行状态时，由继电保护或自动装置动作启动信号系统发出的声、关信号，以引起运行人员注意。

（3）位置信号。表示断路器、隔离开关以及其他开关设备状态的位置信号。其中事故信号和预告信号又称为中央信号。为了使运行人员准备迅速掌握电气设备和系统工况，事故信号与预告信号应有明显区别。通常事故跳闸时，发出蜂鸣声，并伴有断路器指示绿光闪光；预告信号发生时警铃响，并伴有光字牌指示等。

引发事故信号的原因：

（1）线路或电气设备发生故障，由继电保护装置动作跳闸。

（2）断路器偷跳或其他原因引起的非正常分闸。

（3）预告信号的基本内容

（4）各种电气设备的过负荷。

（5）各种带油设备的油温升高超过极限。

（6）交流小电流接地系统的单相接地故障。

（7）直流系统接地。

（8）各种液压或气压机构的压力异常，弹簧机构的弹簧未拉紧。

（9）继电保护和自动装置的交、直流电源断线。

（10）断路器的控制回路断线

（11）电流互感器和电压互感器的二次回路断线。

（12）动作于信号的继电保护和自动装置的动作。

4.5.3.2 中央信号回路

（1）常规变电站中央信号启动回路。中央信号由事故信号和预告信号组成，分别用来反映电气设备的事故及异常状态。中央信号装于控制室的中央信号屏上，是控制室控制的所有安装单位的公用装置。

在图 4-18 和图 4-19 中，+XM、-XM 为信号小母线；SYM 为事故音响小母线；+YXM、-YXM 为预告信号小母线；U 为脉冲变流器；KM 为执行继电器；SA 为控制开关；S 为转换开关。

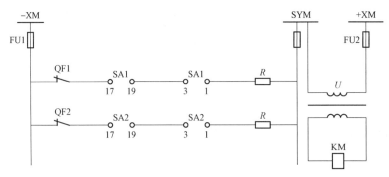

图 4-18　事故信号启动回路

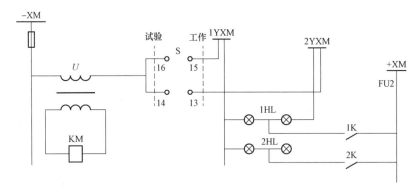

图 4-19　预告信号启动回路

当电力系统发生事故造成断路器 QF1 跳闸时，-SYM 经触点 1-3、19-17 和断路器辅助触点 QF1 至-XM 得负电，即 SYM 与-XM 之间的不对应启动回路接通，在变流器 U 二次侧产生一个尖峰秒冲电流，此刻执行继电器 KM 动作，去启动中央事故信号回路发出事故音响。

当事故信号启动回路尚未复归时，若电力系统又发生事故，造成第二台断路器 QF2 跳闸，则 SYM 经 SA2 触点 1-3、19-17 和断路器辅助动断触点 QF2 至-XM 又接通第二条不对应启动回路，在小母线 SYM 与 −XM 之间又并联一支启动回路；从而使变流器 U 的一次电流发生变化，二次侧再次出现脉冲电流，使继电器 KM 再次启动。

当电气设备发生不正常运行状态时，相应的保护装置的触点 K 闭合，预告信号的启动回路接通，即 +XM 经触点 K 和光字牌 HL 接至预告小母线 1YSM 和 2YSM 上，再经过 S 触点 13−14、15−16，流变器 U 至 −XM，使 KM 动作，启动警铃并点亮相应光字牌 HL。不同回路的信号光字牌并入启动回路，使预告信号能重复动作。

（2）综合自动化变电站的信号系统。在综合自动化变电站，已逐渐取消了断路器控制屏与中央信号屏，全站各种事故信号屏，全站各种事故、异常告警信号及状态指示信号等信息均由微机监控系统进行采集、传输及实时发布。图 4−20 所示为综合自动化变电站信号系统示意图，其中主设备、母线及线路的电流、电压、温度、压力及断路器、隔离开关位置等状态信号由各自电气单元的测控装置采集后送到监控主机，保护装置发出的信号可通过软件报文的形式传输到监控主机，又可以从硬接点开出遥信信号送到测控屏，再由测控屏转换成数字信号传输到变电站站控层的监控主机。

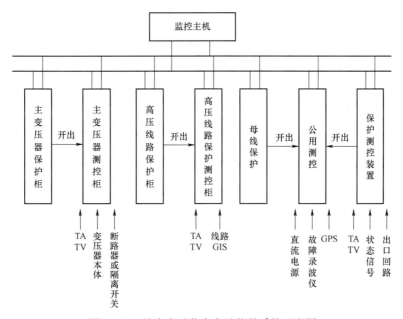

图 4−20　综合自动化变电站信号系统示意图

在监控系统中，各类信息的动作能够以告警的形式在显示屏上显示，还可通过音响发出语言报警，当电网或设备发生故障引起开关跳闸时，在发出语言告警的同时，跳闸断路器的符号在屏上闪烁，较传统的事故与预告信号系统相比，更方便运行人员迅速地对信息进行分类与判别以及对事故进行分析与处理。

主变压器测控装置的信号主要来自于变压器保护装置、变压器本体端子箱、各电压等级的配电装置、有载分接开关等。高压线路测控装置的信号主要来自于高压线路保护柜、线路 GIS 柜、断路器操动机构、隔离开关等。公用测控装置的信号主要来自于母线保护柜、故障录波器柜、直流电源柜、故障信息处理机柜、GPS 等。

综合自动化变电站可分为继电保护动作信号（如变压器主、后备保护动作信号等）、自动装置动作信号（如输电线路重合闸动作、录波启动信号等）、位置信号（如断路器、隔离开关、有载分接开关档位等位置信号）、二次回路运行异常信号（如控制回路断线、TA 和 TV 异常、通道告警、GPS 信号消失等）、压力异常信号（如 SF_6 低压闭锁与报警信号等）、装置故障和失电告警信号（如直流消失信号等）。

4.5.4　互感器回路

4.5.4.1　电流互感器的常用接线方式及其应用

电流互感器二次电流主要取决于一次电流，是二次设备的电流信号源。为适应二次设备对电流的具体要求，电流互感器有多种接线方式，目前常见接线方式有以下几种。

（1）三个电流互感器的完全星形接线。三相完全星形接线是将三个相同的电流互感器分别接在 U、V、W 相上，二次绕组按星形连接。这种接线方式用于测量回路，可以采用三表法测量三相电流、有功功率、无功功率、电能等。用于继电保护回路，能完全反应相间故障电流和接地故障电流。

三个电流互感器的完全星形接线与继电保护配合，通常构成三相三继电器式接线方式接线与三相四继电器式接线，如图 4-21 所示。其中，前者在大接地电流系统中，主要用作相间短路保护；后者在完全星型接线的公共线上再装一只继电器，流入该继电器的电流是三倍的零序电流，主要用作大接地电流系统的接地短路保护，在小接地电流系统中的架空线路，当条件满足时亦有使用。

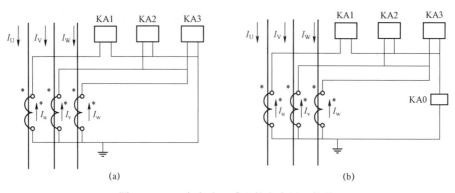

图 4-21　三个电流互感器的完全星形接线
（a）三相三继电器式接线；（b）三相四继电器式接线

（2）两个电流互感器的不完全星形接线。两相不完全星形接线与三相完全星形接线的主要区别在于 V 相上不装设电流互感器。这种接线用于小接地电流系统可以测量三相电流、有功功率、无功功率、电能等。

与继电保护配合，通常构成两相两继电器式接线和两相三继电器式接线两种接线方式，如图 4-22 所示。其中，前者主要用作小接地电流系统的相间短路保护。后者在两相不完全星形接线的公共线上再装一只继电器，流入该继电器的电流是两相电流之相量和，可在小接地电流系统中用作变压器的过电路保护，以改善继电器动作的灵敏性。

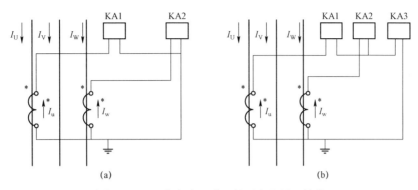

图 4-22 两个电流互感器的不完全星形接线

（a）两相两继电器式接线；（b）两相三继电器式接线

（3）一个电流互感器的单相式接线。这里所说的一个电流互感器的单相式接线，包含图 4-23 所示的三种形式。图（a）所示电流互感器可以接在任一相上，主要用于测量三相对称负载的一相电流或过负荷保护；图（b）所示电流互感器接在变压器中性点引下线上；作为变压器中性点直流接地的零序过电流保护和经放电间歇接地的零序过电流保护；图（c）所示电流互感器套在电缆线路的外部，相当于零序电流滤过器，通常在小接地系统中用作单相接地保护。

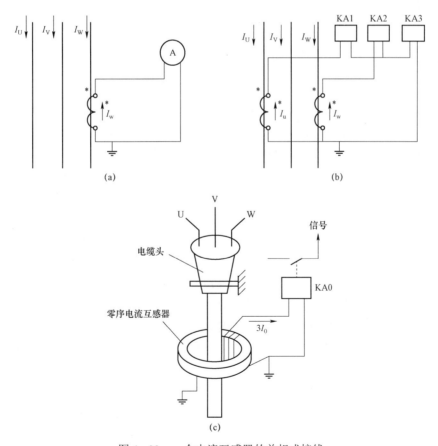

图 4-23　一个电流互感器的单相式接线

（a）TA 按在任一相上；（b）TA 接在变压器中性点上；（c）TA 套在电缆线路

（4）两组及以上多组接线。如图 4-24 所示，两组电流互感器分别接在 U、V、W 相上，二次绕组按和式接线，即流入负载的电流为两组同名相电流之和，这种接线主要用于一台半断路器接线、角形接线、桥形接线的测量回路以及差动保护。

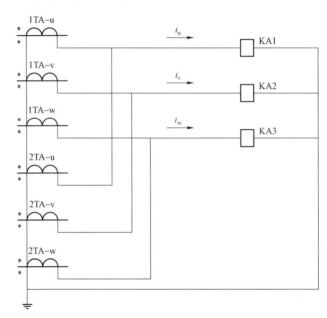

图 4-24 两组电流互感器的和式接线

上述接线要注意电流互感器二次绕组之间各极性的一致性以及二次绕组与一次绕组极性的一致性，当出现错误时，将可能造成计算、测量错误以及带有方向性的继电保护装置的误动或拒动。对于和电流的接法，理论上两组电流互感器的变比必须一致。

4.5.4.2　电流互感器二次绕组的分配（见图 4-25）

（1）要正确选择不同准确度级别的电力互感器二次绕组。在高压系统中，电流互感器有多个二次绕组，以满足计量、测量和继电保护的不同要求。计算对准确度要求最高，在 110kV 及以上系统一般接 0.2 级，测量回路要求相对较低，在 110kV 及以下系统一般接 0.5 级。继电保护设备不要求正常工作情况下的测

图 4-25 110kV 线路电流互感器二次绕组的分配

量准确度，但要求在所需反映的短路电流出现时电流互感器的误差不超过 10%。

（2）保护用电流互感器的配置及二次绕组的分配应尽量避免主保护出现死区。接近后备原则配置的两套主保护应分别接入互感器的不同二次绕组。图所示为某 110kV 线路电流互感器二次绕组的分配。

4.5.4.3　电流互感器二次回路的接地

电流互感器二次回路的接地应严格按照 GB/T 14285—2006《继电保护和电网安全自动装置技术规程》规定，电流互感器的二次回路必须只有一点接地。

（1）独立的或与其他电流互感器二次回路没有电气联系的电流互感器二次回路宜在配

电装置处经端子排一点接地。

（2）对于由两组或两组以上有电气联系的电流互感器组成的电流回路，宜在多组电流互感器连接处（例如微机型母差保护、微机型变压器差动保护的保护屏端子排）一点接地。

（3）对于由辅助变流器的电流回路，电流互感器应在开关场接地，同时变流器的二次也应该接地。

4.5.4.4 防范电流互感器二次回路开路措施

运行中的电流互感器二次回路不允许开路，因此，必须设有防范电流互感器二次回路开路的措施。

（1）电流互感器二次回路不允许开路，因此，必须设有防范电流互感器二次回路开路的措施。

（2）电流互感器二次回路一般不进行切换，当必须切换时，应有可靠的防止开路措施。

（3）继电保护与测量仪表必须合用时，测量仪表要经过中间变流器接入，并接次序为先保护后仪表。

（4）电流互感器二次回路的端子应先用试验端子。

（5）保证电流互感器二次回路的连接导线有足够的机械强度。

（6）已安装好的电流互感器二次绕组备用时，应将其引入端子箱内短路接地。短路位置应在电流互感器的引线侧，防止试验端子连片接触不良造成电流互感器二次回路开路。

4.5.4.5 电压互感器的接线方式和应用

电压互感器二次电压主要取决于一次电压，是二次设备的电压信号源。为适应二次设备对电压的具体要求，电压互感器有多种接线方式，目前变电站常见的接线方式有以下几种。

（1）电压互感器的单相式接线。该接线有两种形式，图 4-26（a）所示一种是反映一次系统线电压的接线，其变比一般为 $U_{\varphi\varphi}/100$，目前多用于小接地电流系统判线路无压或判同期。一次绕组可接任一线电压，但不能接地，二次绕组应有一端接地。另一种是反映一次系统相电压的接线，以电容分压式电压互感器为典型，主要用于 110kV 及以上大接地电流系统中。图 4-26（b）所示为一个单相电容分压式电压互感器，在高压相线与地之间接入串联电容，在临近接地的一个电容器端子并联一只电压互感器 TV，该接线通常接在 U 相，用于判线路无压或同期，其变比一般为 $U_{\varphi}/100/\sqrt{3}$。

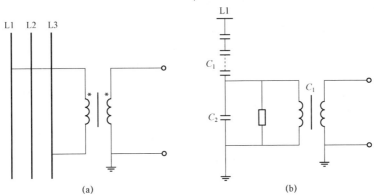

图 4-26 电压互感器的单相式接线

（a）接于两相间的 TV；（b）单相电容分压式 TV

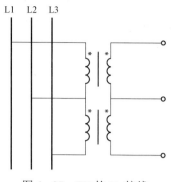

图 4-27 TV 的 Vv 接线

（2）电压互感器组成的 Vv 接线。由两台单相电压互感器 Vv 接线如图 4-27 所示。该接线被广泛用于小接地电流系统，特别是 10kV 三相系统的母线电压测量，因为它既节省了一台电压互感器又可满足所需的线电压，但不能测量相电压，也不能接绝缘监视仪表。这种接线，一次绕组不接地，二次绕组 V 相接地。其变比一般为 $U_{\varphi\varphi}/100$。

（3）电压互感器的星形接线。图 4-28 所示为两种电压互感器的星形接线，其中图（a）为中性点接无消谐 TV 的星形接线，图（b）为中性点接有消除 TV 的星形接线。

该接线可提供相间电压和相对地电压（相电压）给测量、控制、保护以及自动装置等，其中图（b）多用于小接地电流系统，电压互感器中性线通过消谐互感器接地，使系统发生接地时电压互感器上承受的电压不超过其正常运行值，起到消谐的作用。星形接线的电压互感器变比一般为 $U_{\varphi}/100/\sqrt{3}$，中性点的消谐电压互感器变比为 $U_{\varphi\varphi}/100$。

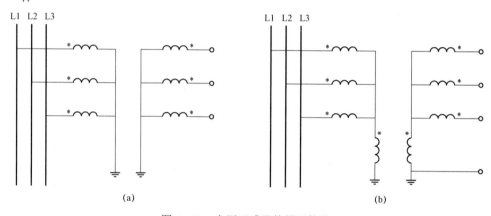

(a)　　　　　　　　　　　　　　　　(b)

图 4-28　电压互感器的星形接线

（a）中性点接无消谐 TV 的星形接线；（b）中性点接有消谐 TV 的星形接线

（4）电压互感器的开口三角形接线。如图 4-29 所示，电压互感器的三相绕组头尾相连，顺极性串联形成开口三角形接线，因此，开口三角形两端子间的电压为三相电压的相量和，即能够提供三倍的零序电压供给二次设备所需。在小接地电流系统中，当发生一相金属形接地时，未接地相电压上升为线电压，开口三角形两端子间的电压为非接地相对地电压的相量和，规定开口三角形两端子间的额定电压为 100V，所以各相辅助绕组的电压互感器变比为 $U_{\varphi}/100/\sqrt{3}$。在大接地电流系统中，当发生单相金属性接地故障时，未接地相电压基本未发生变化，仍为相电压。因规定开口三角形两端子间的额定电压为 100V，所以各相辅助二次绕组的电压互感器变比为 $U_{\varphi}/100$。

（5）多绕组的三相电压互感器接线。如图 4-30 所示，由一个或多个星形接线作为主工作绕组、以开口三星形接线作为辅助工作绕组，构成多绕组的三角电压互感器接线，是电力系统中应用最为广泛的一种接线形式，即 $Y_0/Y_0/\triangle$ 接线。工作绕组可测量线电压和相对地

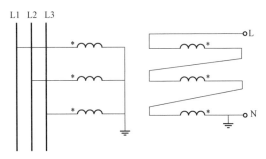

图 4-29　电压互感器的三角形接线

电压、辅助绕组可提供零序电压，在小接地电流系统作绕组可测量线电压和相对地电压、辅助绕组可提供零序电压，在小接地电流系统中一般用于对地的绝缘监察；在大接地电流系统中，该接线方式一般采用三个单相电压互感器构成。小接地电流系统中，也可由三相五柱式电压互感器构成。

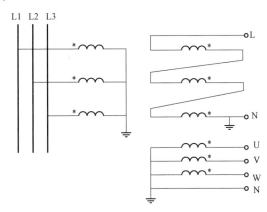

图 4-30　电压互感器的 $Y_0 / Y_0 / \triangle$ 接线

4.5.5　继电保护回路

4.5.5.1　基本线路保护（过电流＋速断保护）

一般常将顺时电流速断、限时电流速断和过电流保护组合在一起，构成三段式电流保护，瞬时电流速断保护为Ⅰ段、限时电流速断保护为Ⅱ、定时限过电流保护为Ⅲ段。在 35kV 及以下的较低电压和网络中经常使用Ⅰ段、Ⅱ段或Ⅲ段组成的阶梯式电流保护。Ⅰ段、Ⅱ段为所在线路的主保护，Ⅲ段为所在线路的近后备保护和下一级线路的远后备保护。其最主要的优点是简单、可靠，并且在一般情况下也能够满足快速切除故障的要求。

如图 4-31 所示为 35kV 线路电流保护展开接线图，保护由限时电流速断保护和定时限过电流保护组成。看图 4-31（a）线路的一次回路可知，35kV 线路上有两组电流互感器 1TA 和 2TA，1TA 为保护用电流互感器，2TA 是用作测量用电流互感器，每组互感器分别接在 U 相和 W 相上。看图 4-31（b）交流回路可知，电流保护的接线方式为两相不完全星形接线方式，电流继电器 KA1 和 KA3 接于 U 相电流互感器的二次绕组，电流继电器 KA2 和 KA4 接于 W 相电流互感器的二次绕组。看图 4-31（c）直流控制跳闸回路、图 4-31

（d）直流信号回路可知电流继电器KA1和KA2用作限时电流速断保护，时间继电器为KT1，信号继电器为KS1；电流继电器KA3和KA4用作定时限电流保护，时间继电器为KT2，信号继电器为KS2。

保护的动作过程如下。

（1）限时电流速断保护动作过程：35kV线路正常运行时，一次侧流过正常的负荷电流，电流互感器的二次绕组电流不足以使电流继电器启动。

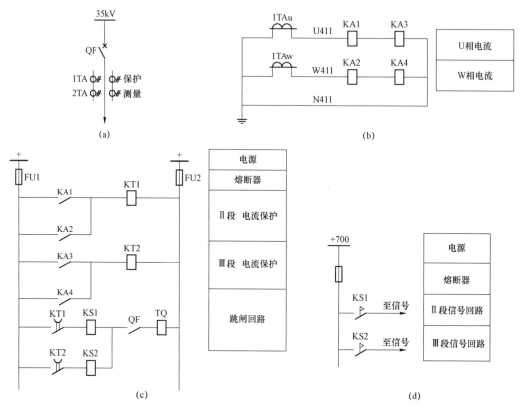

图4-31　限时电流速断、过电流保护原理图

（a）线路一次回路；（b）交流电路回路；（c）直流跳闸回路；（d）直流信号回路

当本线路上发生相间短路时，会出现很大的短路电流，反映到电流互感器二次侧，会启动电流继电器KA1～KA4线圈，其在直流跳闸回路的常开触点KA1～KA4闭合，启动时间继电器KT1和KT2线圈。由于限时电流速断保护是本线路的主保护，其动作时限要小于过电流保护的动作时限，因此KT1的延时常开触点遥先于KT2的延时常开触点闭合。KT1的延时闭合触点闭合后接通跳闸回路此时因断路器在合闸状态，其在控制回路中的辅助常开触点处于闭合状态），一方面启动信号继电器线圈，辅助常开触点处于闭合状态，一方面启动信号继电器线圈；另一方面启动跳闸线圈，从而使断路器跳闸。故障切除后，电流继电器KA1～KA4和时间继电器KT1和KT2返回。

限时电流速断保护动作路径如下：

＋→FU1→KA1（KA2）触点→KT1线圈→FU2→－，启动时间继电器KT1，经整定时限后，其限时闭合触点闭合。

　　+→FU1→KT1 触点→KS1 线圈→QF（触点）→TQ（线圈）→FU2→－，启动跳闸线圈 TQ，断路器跳闸。

　　（2）定时限过电流保护动作过程：当本线路上发生短路故障，如果限时电流速断保护不能正常动作，定时限过电流保护可作为本线路的近后备保护；当下一级线路出现短路故障而其主保护不能正常动作或主保护动作而线路断路器没有跳闸时，则定时限过电流保护可作为下一级线路的远后备保护。

　　如果下一级线路出现短路故障时，短路电流流过本线路，尽管此时电流互感器二次绕组的电流很大，但不足以启动电流继电器 KA1 和 KA2，而定时限过流保护的动作值是按躲过最大负荷电流整定的。因此这个电流会启动电流继电器 KA3 和 KA4，其在直流跳闸回路的常开触点 KA3 和 KA4 闭合，启动时间继电器 KT2 线圈。KT2 的延时闭合触点闭合后接通跳闸回路（此时因断路器在闭合状态，其在控制回路中的辅助常开触点处于闭合状态），一方面启动信号继电器线圈，另一方面启动跳闸线圈，从而使断路器跳闸。

　　过电流保护动作如下：

　　+→FU1→KA3（KA4）触点→KT2 线圈→FU2→－，启动时间继电器 KT2，经整定时限后，其延时闭合触点闭合。

　　+→FU1→KT2 触点→KS2 线圈→QF（触点）→TQ（线圈）→FU2－，启动跳闸线圈 TQ，断路器跳闸。

4.5.5.2　变压器保护

　　（1）电力变压器一般装设下列保护。

　　1）气体保护。容量在 800kVA（室内用容量为 400kVA）以上的变压器，应装设气体保护，作为变压器内部故障和油面降低的主保护。重瓦斯保护动作于跳闸，轻瓦斯保护动作于信号。

　　2）纵差保护。容量在 5600kV·A 及以上的变压器，采用纵联差动保护，作为变压器的内部绕组、绝缘套管及引出线相间短路的主保护。

　　3）过电流保护。反映变压器外部相间短路并作为气体保护和差动保护的后备保护。

　　4）零序电流保护。反映直流直接接地系统中变压器外部接地短路并作为气体保护和差动保护的后备保护。

　　5）过负荷保护。反映因过载而引起的过电流，保护一般不作用于跳闸。

　　（2）气体保护的二次回路。当变压器邮箱内部发生故障时，由于故障点局部的高温，将使变压器油分解而产生气体。

　　当故障比较严重时，在电弧的作用下，绝缘材料和变压器油分解所产生的气体将大量增加。反映故障时的气体而构成的保护，称为气体保护。气体保护有轻、重瓦斯保护之分，装于邮箱与油枕之间的连接导管上。当变压器严重漏油或轻微故障时，在所产生的气体压力作用下，引起轻瓦斯保护动作，延时作用于信号；当变压器发生故障时，变压器和油绝缘材料分解产生大量气体，油箱内气体经导管冲向储油柜，则重瓦斯保护瞬时作用于跳闸。

如图 4-32 所示为气体保护的二次回路图。图（a）为原理接线图，图（b）为展开接线图。图中，KG 为气体继电器，KS 为信号继电器，XB 为连接片，KCO 为出口继电器。

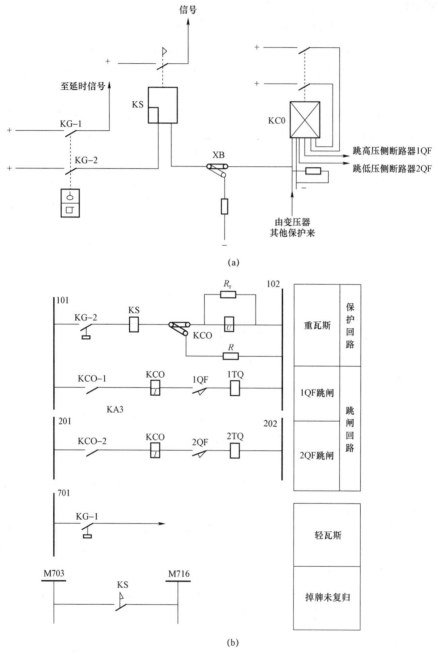

(a)

(b)

图 4-32 气体保护二次回路图
(a) 原理接线图；(b) 展开接线图

从图 4-32（a）可以看出，气体继电器由两个常开触点。上触点 KG-1 为轻瓦斯接点，动作于延时信号；下触点 KG-2 为重瓦斯接点，动作后于变压器跳闸。

图 4-32 (b) 中 101、103 和 201、202 分别为 1QF 断路器和 2QF 断路器控制回路控制电源正、负极的回路编号，701 为信号回路电源的回路编号。看展开接线图可知气体保护的动作过程如下。

轻瓦斯的动作过程：

当变压器内发生轻微的故障时，产生的气体较少并且速度缓慢，此时气体继电器的上触点 KG-1 闭合后作用于信号，其动作路径为：701→KG-1→信号。

重瓦斯的动作过程：当变压器发生严重故障时，强烈的电弧将产生大量的气体，油箱内压力迅速升高，迫使变压器沿着油道冲向油枕，此时气体继电器的下触点 KG-2 闭合后 KCO 动作，同时使变压器两侧的断路器 1QF 和 2QF 跳闸。

其动作路径为：

101→KG-2→KS（线圈）→XB→KCO（电压线圈）→102，启动 KCO；

101→KCO-1→KCO（电流线圈）→1QF（辅助常开触点）→1TQ→102，跳开 1QF；

201→KCO-2→KCO（电流线圈）→2QF（辅助常开触点）→2TQ→202，跳开 2QF。

图中的出口继电器由一个电压启动线圈和两个电流保持线圈。重瓦斯接点闭合后，出口继电器的自保持靠断路器的辅助触点 1QF 和 2QF 加以解除。

在重瓦斯保护的出口回路中设置切换片 XB 的目的是为防止运行中对气体继电器进行试验时造成误跳闸。在试验时可将回路切换至电阻 R 上，这样重瓦斯保护只发信号而不作用于跳闸。

（3）差动保护的二次回路。差动保护的二次回路如图 4-33 所示为差动保护的二次回路图，图中，1KD~3KD 为差动继电器，KS 为信号继电器，XB 为连接片，KCO 为出口继电器。

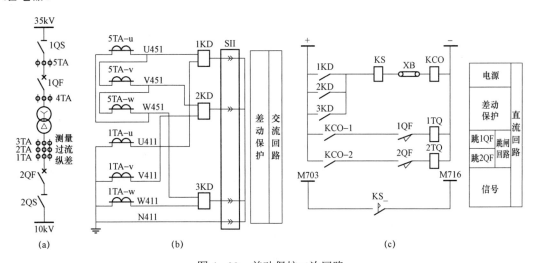

图 4-33　差动保护二次回路

（a）一次回路示意图；（b）交流回路图；（c）直流回路图

由图 4-33 (a) 可知，电流互感器 1TA 和 5TA 为差动保护互感器，变压器为 Y-△ 接法。在交流回路中，如图 4-33 (b) 所示，电流互感器 5TA 的二次侧应接成三角形，1TA

的二次侧应接成星形。

工作原理如下：当变压器油箱内绕组或引出线间发生相间短路时，如果流过任何一个差动继电器的电流大于其动作值，则差动继电器动作，动作后经信号继电器 KS 线圈启动出口中间继电器 KCO。KCO 动作后，其两对常开触点 KCO-1 和 KCO-2 闭合，分别启动 1QF 和 2QF 的跳闸线圈 1TQ 和 2TQ，跳开变压器两侧的断路器。

动作回路：

+→1KD（2KD、3KD）触点→KS 线圈→XB→KCO（线圈）→−，启动 KCO；

+→KCO-1→1QF→1TQ→− 跳开 1QF 断路器。

+→KCO-2→2QF→2TQ→−，跳开 2QF 断路器。

（4）后备保护的二次保护。过电流保护可反映变压器外部相间短路并作为气体保护和差动保护的后备保护。变压器过电流保护的二次回路如图 4-34 所示。一次回路与图（a）相同，这里介绍高压侧过电流保护。图中，1KA～3KA 为电流继电器，KT 为时间继电器，KS 为信号继电器，KCO 为出口继电器。动作过程如下：

看图 4-34 可知，当流过任何一相电流继电器的电流超过其动作数值时，电流继电器动作。

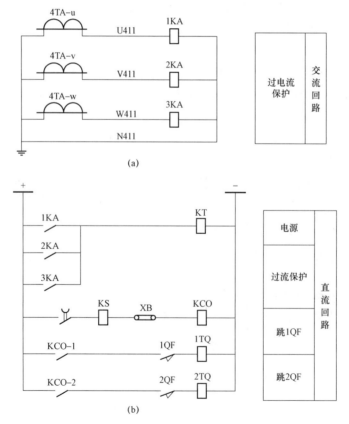

图 4-34　变压器过流保护的二次回路

(a) 交流回路；(b) 直流回路

电流继电器的常开触点闭合使时间继电器 KT 线圈通电启动，其延时闭合触点经整定时限后闭合，接通信号继电器 KS 线圈和出口中间继电器 KCO 线圈所在回路。KS 和 KCO 启动，KCO 两对常开触点闭合，分别启动 1QF 和 2QF 的跳闸线圈 1QF 和 2QF，跳开变压器两侧的断路器。

流过电流继电器线圈的电流超过其动作值后，过电流保护的动作路径为：

+→KA（2KA、3KA）常开触点→KT（线圈）→ -，启动 KT；

+→KT（延时闭合触点）→KS（线圈）→KCO（线圈）→ -，启动 KCO；

+→KCO-1→1QF→1TQ（线圈）→ -，跳开 1QF 断路器；

+→KCO-2→2QF→2TQ（线圈）→ -，跳开 2QF 断路器。

4.5.5.3 自动重合闸回路

（1）自动重合闸用途和要求。

在电力系统发生的故障中有很多都属于暂时的，例如，由雷电引起的绝缘子表面闪络，大风引起的碰线等，在线路被继电保护迅速断开以后，电弧即行熄灭，故障点的绝缘强度重新恢复，外界物体也被电弧烧掉而消失。此时，如果把断开的线路断路器再合上，就能够恢复正常的供电，因而可以减小用户停电的时间，提高供电可靠性。重新合上断路器的工作也可由运行人员手动操作进行，但手动操作时，停电时间太长，用户电动机多数可能停转，这样重新合闸取得的效果并不显著，对于高压和超高压线路而言，系统还可能失去稳定性。为此，在电力系统中，往往采用自动重合闸装置来代替运行人员的手动合闸。自动重合闸就是把因故障而跳开的断路器自动投入的一种装置，称为自动重合闸，简称 ARC（旧 ZCH）。自动重合闸在输、配电线路中，尤其是高压输电线路上得到极其广泛的应用。

自动重合闸的基本要求：

a. 动作迅速。自动重合闸动作的时间，一般采用 0.5～1.5s。

b. 不允许任何多次重合。自动重合闸动作次数应符合预先的规定。因为发生永久性故障时，自动重合闸如多次重合，将使系统多次遭受冲击，还可能会使断路器损坏，从而扩大事故。

c. 动作后应能自动复归。当自动重合闸成功动作一次后，应能自动复归，准备好再次动作。

d. 手动跳闸时不应重合。当运行人员手动操作或遥控操作使断路器断开时，自动重合闸装置不应自动重合。

e. 手动合闸于故障线路时自动重合闸不重合。因为在手动合闸前，线路上还没电压，若合闸后就已存在故障，则故障多属永久性故障。

f. 用不对应原则启动。一般自动重合闸可用控制开关位置和断路器位置不对应启动，对综合重合闸宜用不对应原则和保护同时启动。

（2）自动重合闸的二次回路识图

如图 4-35 所示为单侧供电线路的三相一次后加速重合闸二次回路图。图中虚框内为重合闸继电器内部接线，它由一个时间继电器 KT、带电流保持线圈的中间继电器 KC、白色信号灯 HW、电容器 C 和电阻 R_4、R_5、R_6、R_{17} 等组成。表 4-7 为所用开关触点图表。

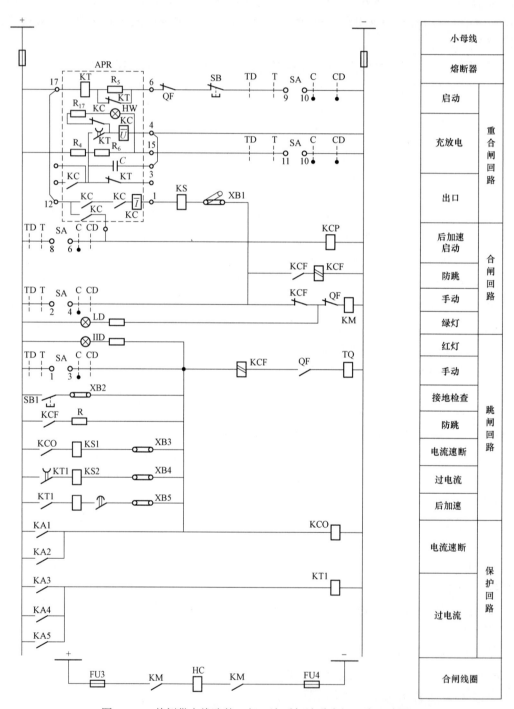

图 4-35 单侧供电线路的三相一次后加速重合闸二次回路图

触点盒位置	2		2		40	
<div style="text-align:right">触点号</div>位置	1–3	2–4	5–7	6–8	9–10	10–11
跳闸后	—	—	—	—	—	·
合闸操作	—	·	—	·	·	—
合闸后	—	—	—	·	·	—
跳闸操作	·	—	·	—	—	—

动作过程如下。

a. 正常运行。正常运行时，QF 处于合闸位置，其辅助常开触点闭合，常闭触点断开，SA 在"合闸后"位置，SA9–10 触点通。APR 投入运行，电容器 C 通过电阻 R4 充电，经过 15～20s 的时间充到所需电压。同时正电源经 R4→R6→HD→R17→KC 常闭触点和电压线圈至负电源形成通路，HD 亮，指示 APR 处于准备工作状态。由于 R4、R6 和 R17 的分压作用，KC 电压线圈虽然带电，但不足以启动。

b. APR 动作过程。当 QF 因线路故障跳开时，其辅助常闭触点闭合，常开触点断开，于是正电源经 APR 中的 KT 线圈→QF 辅助常闭触点→SB→SA9–10 至负电源形成通路。KT 触点经整定时限（0.5～1.5s）动作闭合，接通电容器 C 和中间继电器 KC 电压线圈回路，电容器 C 对 KC 放电，KC 常开触点闭合。此时正电源经 KC 触点及电流线圈→KS→XB1→KCF 触点→QF 辅助常闭触点→KM 线圈至负电源形成合闸回路，于是 APR 动作，使断路器重新合闸。KC 自保持，使 QF 合闸回路畅通，可靠合闸。QF 合闸后，其常闭触点断开合闸回路，KC 复归、C 又重新充电，经 15～20s 的时间，准备好下一次动作。

c. 保证一次动作分析。若 QF 重合到永久性故障时，则 QF 在继电保护作用下再次跳闸。这时虽然 APR 的启动回路仍然接通，但由于 QF 自重合到跳闸的时间很短，远远小于 15～20s 的时间，不足以使 C 充电到所需电压，当 KT 的延时闭合触点延时闭合后，C 上的电压由 R4 和 R6 的分压决定，其值很小，所以 KC 不会动作，从而保证了 APR 只动作一次。

当手动操作跳闸时，SA9–10 触点断开，SA10–11 触点闭合，一方面切断 APR 启动回路；另一方面使 C 对 R6 放电，KC 不会动作，从而保证了手动跳闸时 APR 不会动作。

当某些保护装置动作跳闸，又不允许 APR 动作时，可以利用其 KCO 触点短接 SA10–11 触点（图中未画出），使 C 在 QF 跳闸瞬间开始放电，尽管这时接通了 APR 的启动回路，但由于 KT 的延时作用，在 KT 的常开触点延时闭合之前，C 放电完毕或电压很低，KC 无法启动，APR 不会动作合闸。

d. 后加速保护。图中用继电器 KCP 延时复归的常开触点来加速保护的动作。假如在线路过电流保护范围内发生短路时，电流继电器 KA3～KA5 动作，经整定时限，有选择性地使 QF 跳闸，接着 APR 动作，一方面使 QF 重新合闸，另一方面通过 APR 装置中的中间继电器 KC 的常开触点启动后加速继电器 KCP，KCP 的延时复归的常开触点闭合。如果线路故障未消除，KA3～KA5 再次启动，使 KT1 动作，其瞬时触点闭合，于是正电源经 KT1 触点→KCP 触点→XB5→KCF→QF 辅助常开触点→YT 至负电源形成通路，YT 带电使 QF 瞬时跳闸，实现了后加速保护。

如果在电流速断保护范围内故障，由于该保护不带时限，不需要接入后加速保护跳闸回路。

e. 接地检查。图 4-35 中，SB1 为接地检查按钮，当同一母线上有两回及以上的线路时才设置，单回线路应取消。SB1 可快速查找出单相接地故障线路，当母线 TV 发出单相接地信号时，按下 SB1，使 QF 跳闸，释放 SB1 时，接通 APR 启动回路，使 QF 合闸。这一操作过程很快，用户感觉不到供电瞬时中断。逐一检查线路，当接地信号消失时，则表明该回线路单相接地。

5 配网系统常见继电保护工作

5.1 保护装置校验工作

5.1.1 继电器校验工作

5.1.1.1 电磁型继电器

常见的电磁型继电器有电流型继电器（DL、DGL、GL 系列）、电压型继电器（DJ、ZJ 系列）、时间继电器（DS 系列）、差动继电器（BCH 系列）、中间继电器（TBJ、DZ、DZS 系列）等，这些继电器内部的原理有所不同，校验时需参照相应的校验规程。

常规电磁型继电器检验规程如表 5−1 所示。

表 5−1　　　　　　　　　　　常规继电器检验规程

序号	检验项目	试验标准	备注
1	机械部分检查	（1）触点：触点距离不小于 2mm （2）轴承：纵向及横向活动范围不大于 0.2mm （3）Z 形舌片：不应和磁极相碰，上下间隙均匀 （4）游丝：与轴承垂直，每层间应保持均匀 （5）刻度：把手固定后不自由移动 （6）连接丝：应紧固良好	如在运行中要改变定值应在刻度盘上做好记号。 连接中串联并联反过后要特别注意。最好在反成串联后上下二接头处再加一垫圈
2	大电流冲击及过电压冲击	用 50A 以上大电流进行冲击试验： （1）触点不应抖动。 （2）舌片间隙不卡住。 （3）滑动行程不超过 2/3	
3	动作电流	95%整定电流不应动作。允许误差在±3%以内	
4	返回电流	返回系数要求 0.85～0.95	
5	时限特性	1.2 倍整定电流时不大于 0.15s	
6	实际负荷下触点工作情况	在实际负荷下，给以冲击电流，闭合数次后观察触点应无损伤及烧焦斑迹	

反时限电流继电器校验规程如表 5−2 所示。

表 5-2 　　　　　　　　　　　　反时限电流继电器检验规程

序号	检验项目	试 验 标 准	备　注
1	机械部分检查	（1）触点：触点距离不小于 2mm	
		（2）轴承：纵向及横向活动范围不大于 0.2mm	
		（3）转盘：任何位置不应和磁极相碰，上下间隙均匀，转盘上无铁屑，转动灵活	
		（4）分接头：旋紧不滑牙，备用分接头齐全	
		（5）掉牌指示：触点闭合时跌落良好，复置正常	
		（6）时间杆：固定后不松动	
		（7）连接线，焊接头，螺丝：紧固良好	
2	速动元件	90%整定电流不速动，速动时间应小于 0.2s。 若停用速动元件，在最小分接头处通以 50A 以上电流冲击试验，应不速动*	DGL 型速动元件参见 DL 型检验要求，返回系数不检验
3	时限特性	2 倍、3 倍动作电流时，允许误差在 ±0.2s 以内。 5 倍动作电流时，允许误差在 ±0.1s 以内	
4	（圆盘）起动电流	不大于 40%整定电流	
5	动作电流	允许误差在 ±5% 以内	
6	返回系数	应大于 0.8	

* 即常见电磁型继电保护检验报告中的"10 倍电流不速动"。

时间继电器校验规程如表 5-3 所示。

表 5-3 　　　　　　　　　　　　时间继电器检验规程

序号	检验项目	试 验 标 准	备　注
1	机械部分检查	（1）触点：接触良好滑动触点和固定触点接触时应在银触点中心位置。触点距离不小于 2mm	
		（2）可动系统行程：手按铁芯，齿轮应均匀转动不卡住，迅速放开或慢慢放开时均应准确回到原来位置	放在时间最大位置做试验
		（3）刻度：把手固定后不自由移动	
		（4）连接线，焊接头，螺丝：紧固良好	
		（5）电压，电阻：铭牌与原理设计相符	
2	时间整定	允许误差在 ±0.07s 以内	
3	最小动作电压	不大于额定电压的 75%	如内场已检验，外场可不检验

　　差动继电器用于电力变压器的差动保护。下面以常见的 BCH-1 型为例进行介绍（见表 5-4）。BCH-1 型差动继电器的结构原理和内部接线如图 5-1 所示。继电器主要由执行元件（DL-11/0.2 型电流继电器）和速饱和电流互感器两部分构成。

速饱和电流互感器由三柱型硅钢片交错叠成，中间柱截面面积是两边柱的两倍。如图5-2所示，中间柱绕有差动绕组（即工作线圈）W_C和两个平衡绕组（即补偿线圈 I 、 II ）W_{p1}、W_{p2}，三个绕组绕向相同，产生的磁通 $\varPhi_C$ 沿中间柱向两边柱构成闭合回路。两边柱饶有制动绕组 W_Z 和二次绕组 W_2（每边柱上所绕匝数为总匝数一半）：W_2 两部分绕组同向串联后接执行元件；W_Z 的两部分绕组反向串联，产生的磁通 $\varPhi_Z$ 仅沿两边柱构成闭合回路。这样的绕法使得 W_Z 与其他所有绕组都无互感作用。W_Z 的的作用是加速两边柱的饱和，使得 W_C、W_2、W_{p1}、W_{p2} 之间的互感减弱。

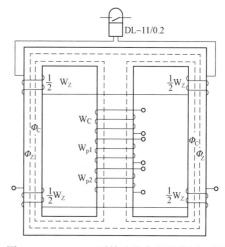

图5-1　BCH-1型差动继电器结构原理图

表5-4　　　　　　　　　　　BCH差动继电器检验规程

序号	检验项目	试验标准	备注
1	机械部分检查	DL 元件同 DL 型继电器检验标准	
2	极性试验	BCH-1型端子8，1，4，9同极性	新装及调换时检验
3	差动及补偿线圈分接头准确性	动作安匝不大于 60±4 安匝	
4	整定值下动作电流	60±4 安匝	误差较小时可通过拨动游丝调整，误差较大时不可调整
5	动作时间	工作线圈通三倍动作电流时不大于0.035s	
6	躲开励磁涌流特性	变压器冲击合闸时观察，应可靠不动作	新装及调换时检验

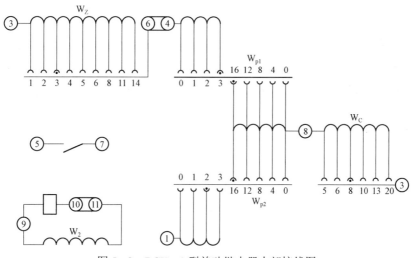

图5-2　BCH-1型差动继电器内部接线图

5.1.1.2 微机保护装置

（1）检验分类。检验分为三种：新安装装置的验收检验；运行中装置的定期检验；运行中装置的补充检验。

新安装装置的验收检验在下列情况下进行：当新安装的一次设备投入运行时；当在现有的一次设备上投入新安装的装置时。

定期检验分为三种：全部检验、部分检验、用装置进行跳合闸试验。

补充检验分为五种：对运行中的装置进行较大的更改或增设新的回路后的检验、检修或更换一次设备后的检验、运行中发现异常情况后的检验、事故后检验、已投运行的装置停电一年及以上，再次投入运行时的检验。

（2）检验前准备工作。在现场进行检验工作前，应认真了解被检验装置的一次设备情况及其相邻的一、二次设备情况，及与运行设备关联部分的详细情况，据此制定在检验工作全过程中确保系统安全运行的技术措施。

应具备与实际状况一致的图纸、上次检验的记录、最新定值通知单、标准化作业指导书、合格的仪器仪表、备品备件、工具和连接导线等。

规定有接地端的测试仪表，在现场进行检验时，不允许直接接到直流电源回路中，以防止发生直流电源接地的现象。

对新安装装置的验收检验，应先进行如下的准备工作：

1）了解设备的一次接线及投入运行后可能出现的运行方式和设备投入运行的方案，该方案应包括投入初期的临时继电保护方式。

2）检查装置的原理接线图（设计图）及与之相符合的二次回路安装图，电缆敷设图，电缆编号图，断路器操动机构图，电流、电压互感器端子箱图及二次回路分线箱图等全部图纸以及成套保护、自动装置的原理和技术说明书及断路器操动机构说明书，电流、电压互感器的出厂试验报告等。以上技术资料应齐全、正确。若新装置由基建部门负责调试，生产部门继电保护验收人员验收全套技术资料之后，再验收技术报告。

3）根据设计图纸，到现场核对所有装置的安装位置是否正确。

对装置的整定试验，应按有关继电保护部门提供的定值通知单进行。工作负责人应熟知定值通知单的内容，核对所给的定值是否齐全，所使用的电流、电压互感器的变比值是否与现场实际情况相符合（不应仅限于定值单中设定功能的验证）。

继电保护检验人员在运行设备上进行检验工作时，必须事先取得当值值长的同意，遵照电业安全工作相关规定履行工作许可手续，并在运行人员利用专用的连接片将装置的所有出口回路断开之后，才能进行检验工作。

检验现场应提供安全可靠的检修试验电源，禁止从运行设备上接取试验电源。

检查装设保护和通信设备的室内的所有金属结构及设备外壳均应连接于等电位地网。

检查装设静态保护和控制装置屏柜下部接地铜排已可靠连接于等电位地网。

检查等电位接地网与厂、站主接地网紧密连接。

（3）检验流程。常用的微机继电器厂家有很多，国内的微机保护有南瑞继保、国电南自、北京四方、许继电气、磐能科技等，常见的国外微机保护有 SEL、ABB 等。微机保护检验需遵循检验项目流程，完整的检验流程如表 5-5 所示。

表 5-5 微机保护检验项目规定

序号	检验项目	全部检验具体要求（*为部检项目）
1	保护装置进行外部检查	（1）保护屏上的标志应正确完整清晰（如压板、操作把手、按钮、光指示信号等），保护屏端子排以及继电器等接线柱或连接片上的电缆和导线连接应可靠，标号清楚正确，且实际情况应与图纸和运行规程相符。 （2）保护装置各插件、继电器和插座之间插接良好，无松动现象并保持清洁防尘，同时注意检查继电器等的触点是否有烧损，动作是否灵活。 （3）检查保护装置各插件上元器件的外观质量、焊接质量应良好，所有芯片应插紧，芯片放置位置、硬件跳线应正确；检查继电器可动部分是否可靠、灵活，其间隙、串动范围及动作行程应符合规定。 （4）检查保护装置操作箱跳、合闸保持电流的整定值与实际开关操作机构参数是否匹配。 （5）检查电流、电压二次回路接线是否正确及端子排引线压接的可靠性；检查开关端子箱或复用载波机端子排至保护回路侧电缆接线的正确性及螺钉压接的可靠性。 （6）检查高频电缆接线、接地方式是否正确可靠；铜芯有无损伤等；结合滤波器外壳内有无渗漏水及生锈现象。 （7）检查电流、电压二次回路接地点与接地状况及保护屏接地线等二次接线是否符合反事故措施的有关规定（详细内容见第三章第一部分新、扩建变电站二次安装调试验收规定的相关部分）
2	检验保护装置的逆变电源	（1）拉合几次保护装置的直流电源，检查保护装置运行是否正常，有无异常或告警信号发出；有条件时测量满载时逆变电源的各级输出电压（+5V，-5V 等），误差应在允许范围内。 （2）检验逆变电源的自启动功能。保护装置仅插入逆变电源插件，外加试验直流电源由零缓升至 80% 额定值，该插件上各电源指示灯应亮；然后，拉合一次直流电源开关，灯亦应亮；有条件时测量满载时逆变电源的各级输出电压
3	检验开关量输入回路	（1）依次投、退保护屏上各保护投入压板，监视打印机或液晶屏幕上显示的开关量变位情况；"通道试验"、"收讯"开入量通过按通道试验按钮的方法进行校验。 （2）在手合、手跳开关后，检查其"合位"、"跳位"或"合后"开关量变位以及"重合闸放电"是否正确；切换"重合闸方式"或 PT 切换选择把手，检查其相应开关量变位或切换电压显示是否正确。 （3）其余开关输入量（如刀闸辅助接点位置、外部闭锁或启动接点及非电量保护的输入接点等）应在保护屏端子排上用开关量输入公共端（一般为+24V）短接要检查的开关量对应输入端子的方法进行校验；此外，"打印"开关量输入可以通过按保护屏上"打印"按钮的方法进行检验，"信号复归"开关输入量可在保护装置动作情况下通过按"信号复归"按钮进行信号复归的方法检查
4	检验保护装置的模数变换系统	（1）将保护屏端子排上各交流输入端子断开，观察各交流量采样值进行零漂值检验，此时，电压电流通道的采样值应符合该装置技术标准要求。 （2）通过试验仪器从保护屏交流输入端子分别加入电流和电压，检查其采样值，要求保护装置的采样显示值与外部表计值的误差应小于 5% 左右；通流时，宜采用在场地相应端子箱短接电流端子的方法，以便同时检查二次电缆回路是否正确，但要注意，母差保护运行的，严禁在至母差保护的二次电流回路上通流；对于电流回路要转接至安控装置的，通流时，必须断开至安控装置的电流回路，并做好安全措施；总之，严禁在至运行设备的电流回路中通流。 （3）从保护屏交流输入端子同时加入三相电流和电压，进入相应菜单，检查其电流、电压的相位、相序等是否正确
5	检测绝缘电阻	要求采用 1000V 摇表摇绝缘电阻，摇绝缘时，应按装置要求，拔出有关保护插件，一般应拔出模数变换 VFC 插件、CPU 插件、管理板 MONITOR 插件、信号 SIG 插件 （1）测交流电流、交流电压回路对地绝缘。 （2）测直流电压回路对地绝缘。 （3）测非电量保护回路触点之间及对地的绝缘（包括瓦斯、压力释放等接点）。 （4）交、直流回路之间的绝缘

序号	检验项目	全部检验具体要求（*为部检项目）
6	检验保护装置的功能	1. 一般性功能检查： （1）检查保护装置各功能键、小开关的功能是否正确。 （2）检查保护软件版本及校验码、时钟显示及打印机打印功能是否正确。 （3）检查定值的输入、固化、时钟整定及其掉电保护功能是否正确。 2. 检验保护的逻辑功能： （1）根据保护整定值并投入相应压板，模拟各种正方向下单相或相间短路，对保护的动作值、时间进行测试，校验其保护功能；同时，应检查反方向或区外故障时，保护装置的闭锁功能是否正确。 （2）检验在 PT 或 CT 断线时，保护装置的闭锁或此条件下的相应保护功能是否正确；用导通或测电位法，检查失灵启动回路是否正确。 （3）检验保护装置的告警、动作出口、信号指示等回路是否正确。 （4）对于线路保护，应分别检验高频保护、零序方向保护、距离保护各段及重合闸的动作行为及出口压板是否正确；对于 220kV 线路保护，还应对高频保护的收发讯机进行频率与收发讯电平的测试，以保证高频通道的正确完整，若条件具备（即线路停电条件下），应在该开关线路侧地刀合上时，再进行收发讯电平的测试，检查其收发讯电平是否有变化。 （5）对于主变保护，应注意检查其差动保护在穿越性故障下是否动作，检验其各侧后备保护、非电量保护动作行为及出口压板是否正确。 （6）对于母差保护，应注意检查其在区内、外故障时动作的选择性是否正确，检查其复合电压闭锁功能、母联失灵（死区故障）保护、CT 断线闭锁及告警功能及各保护单元的出口逻辑（包括失灵保护出口）是否正确
7	整组传动检验	带实际开关进行整组传动，对保护装置的整组动作或开关的重合闸时间测试（对于复杂保护，为尽量减少断路器的跳闸次数，可先用模拟箱测试正确并恢复接线后，再进行整组传动）并保证音响、信号可靠正确。对于母差保护和断路器失灵保护可用导通法检查回路正确性。 （1）对于 110kV 线路保护，应模拟相间和接地故障，检验开关三跳三重及后加速逻辑整组传动试验是否正确；对于 220kV 及以上线路保护，应模拟 A、B、C 相单瞬、单永和相间故障，分别用高频保护、零序和距离保护检验开关单跳单重、后加速及三跳不重逻辑的整组传动试验。 （2）对于主变保护，应模拟相间或接地故障，分别用差动、瓦斯及后备保护，检验跳主变各侧开关的先后顺序等动作行为是否正确；对于不能传动的开关，如母联或分段开关、旁路开关，可采用测电位或接点导通法，检测到其相应出口压板或端子接线电缆上。 （3）对于母差保护，在不能传动开关时，可模拟区内故障，采用测电位或导通法检查母差保护屏各出口压板以及母差保护屏至各元件保护装置（线路及主变）出口跳闸回路电缆接线、各保护装置至母差屏的失灵启动回路接线是否正确
8	带负荷测试	设备投入运行后应根据实际潮流情况和保护装置对极性的要求，检查电压、电流的相位及相序是否正确

5.1.2 电流互感器校验工作

电流互感器是电力系统中十分重要的设备，它可以将一次系统的大电流变换为二次侧的小电流，电流互感器的二次电流能够正确反映一次系统的电流是继电保护装置能够正确动作的前提，电流互感器的铁心饱和是影响其性能的最重要因素。电流互感器的工作原理与变压器类似，如图 5-3 所示为电流互感器的等值电路模型，一次电流等于励磁电流和二次电流

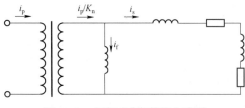

图 5-3 电流互感器等值电路图

的向量和，即 $i_p = i_f + i_s$。当系统发生短路故障时，一次电流急剧增大，非周期分量会使得铁心很快饱和，从而引起励磁阻抗迅速降低，励磁电流急剧上升，二次侧的电流将减少，因而会影响保护装置的可靠性，因此电流互感器的校验就尤其重要。

电流互感的校验内容有：外观检查、绝缘电阻测量、绕组极性检查、误差测量或变比测量、伏安特性试验。

（1）外观检查：如有以下缺陷之一，修复后方予校验。

a. 无铭牌或铭牌中缺少必要的标记；

b. 接线端缺少、损坏或无标记；穿心电流互感器没有极性标记；

c. 多变比互感器未标不同变比的接线方式；

d. 严重影响校验工作进行的其他缺陷。

（2）绝缘电阻测量：用兆欧表测量各绕组之间和绕组对地的绝缘电阻。凡用 500V 兆欧表测量一次绕组对二次绕组及对地间的绝缘电阻值小于 5MΩ 者，不予校验。

（3）绕组极性检查：

a. 互感器绕组极性规定为减极性。

b. 绕组极性检查可与误差测量一起进行，用互感器校验仪按电流互感器检定的正常接线进行绕组的极性检查。

c. 单独做绕组极性检查试验，可按图 5－4 所示接线进行。

d. 当闭合闸刀瞬间，毫安表应正向偏转，若毫安表指针不动或反向微动，则互感器极性标志错误。

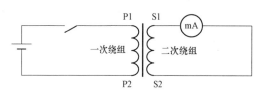

图 5－4　互感器极性检查直流法

（4）误差测量或变比测量：

a. 互感器现场校验接线：采用不同类型的设备，接线应作相应的变化；接线时，升流器的输出电压档位（或穿心匝数）应选择适当，使电流输出有良好的调节细度及调节范围。

b. 误差测量：将互感器校验仪置于电流互感器误差测量档。平稳地升起一次电流至额定值 5%左右，读取校验仪读数。如未发现异常，升流到最大测量电流点，然后降到零准备正式测量。如有异常，应排除后再检验；在额定负载点测量额定一次电流为 1%（对 S 级）、5%、20%、100%、120%时的误差；在下限负载点下测量额定一次电流为 1%（对 S 级）、5%、20%、100%时的误差（下限负载：对额定二次电流为 5A 的电流互感器为 3.75VA；对额定二次电流为 1A 的电流互感器为 1VA）；误差测量点可根据实际情况和要求增减；检验过程中按规定的格式和要求做好原始记录，原始记录填写应用签字笔或钢笔书写，不得任意修改。表 5－6、表 5－7 分别为保护用、测量用电流互感器误差限值。

表 5－6　　　　　　　　　　　　　保护用电流互感器误差限值

准确度等级	比差值（±%）	相位差（±°）	在额定准确极限值一次电流下的复合误差
5P	1	60	5
10P	3	不规定	10

表 5-7　测量用电流互感器误差限值

准确度等级	I_p/I_n（%）	1	5	20	100	120
0.2	比差值（±%）	—	0.75	0.35	0.2	0.2
	相位差（±′）	—	30	15	10	10
0.2s	比差值（±%）	0.75	0.35	0.2	0.2	0.2
	相位差（±′）	30	15	10	10	10

（5）伏安特性曲线：按图 5-5 所示接线。

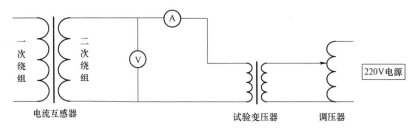

图 5-5　电流互感器伏安特性试验

a. 一次绕组开路。

b. 除被试二次绕组外，其余二次绕组开路。

c. 调节调压器，监视电流表，按预先设定的电流值，读取并记录电压值。注意，电流表应为电磁系、电动系仪表或测量有效值的数字表，根据励磁电流、电势大小选用量程适合的仪表。

d. 测绘电流互感器各绕组的伏安特性曲线，应记录到励磁电势饱和点以上。

e. 操作时注意调压器不能来回调节。

f. 首次伏安特性试验前，应验证厂家提供的伏安特性曲线满足表 5-6 复合误差要求。

g. 用所测绘的伏安特性曲线与厂家提供的出厂试验曲线对比，两条曲线应基本重合；例行试验时，也可与上几个周期的试验曲线进行对比。

h. 对同组 A、B、C 三相电流互感器各绕组伏安特性曲线应基本重合。

i. 由于目前各厂商提供多种伏安特性试验设备，该项目也可用专用的伏安特性试验设备进行，但所用设备必须经校验合格。

5.2　不 停 电 工 作

5.2.1　定值修改

保护整定值修改是最常见的不停电工作。图 5-6 所示是一张继电保护整定书，核对整定书时需要核对的内容有：

（1）核对站名和设备名称，以防走错仓位。

（2）核对继电器型号和保护类别。

（3）核对流变、压变的变比。

（4）核对整定值和整定时间，注意保护的作用是跳闸还是发信。

（5）对于反时限电流保护，动作时间取 t_p 值（十分之一的 2 倍动作时间）。

上海市电力公司市北供电公司继电保护整定书

第 SB-2018-0828 号（代____号）

地点：顺义 变电站			设备名称：顺21兰溪		标称电压：10kV		变压器容量： 千伏安		
继电保护装置类型	继电器型式		流变变化			速动元件动作电流动作时间	反时限元件特性				作用
	原装	现/改新装	原装	现/改新装			起动电流安	动作时间—秒			
								2倍	3倍	5倍	10倍	
过流		NSR-3611		600/5	原整定							跳闸
					新整定			5.0	1.5	0.95	0.64	
接地		NSR-3611		600/5	原整定							跳闸
					新整定			1.5	4.0	2.52	1.71	
前加速		NSR-3611		600/5	原整定	前加速过流	安， 秒	前加速接地	安， 秒			跳闸
					新整定		10安，0秒		3安，0秒			
重合闸		NSR-3611		600/5	原整定	秒	一次重合					
					新整定	0.7秒						

整定说明：一、新装架空出线投运，发此整定书。
二、10千伏为小电阻接地系统，接地投跳。
三、NSR-3611 版本号 V1.22，校验码 B8B2FE19。
四、本保护须继电保护逻辑整组试验合格方可投运。

图 5-6 继电保护整定书

5.2.1.1 国内保护装置

图 5-7 所示为四方保护装置的操作界面，装置正常运行时，默认画面循环显示当前时间、测量值、计算值、压板状态、运行定值区等信息。在保护动作或发生告警呼唤事件时，装置自动弹出事件信息画面。同时装置也可以响应键盘命令，显示树形菜单或操作界面。

四方键盘由［↑］、［↓］、［→］、［←］、［SET］、［QUIT］键组成，使用四方键盘可以完成所有人机对话操作。操作说明如下：

（1）［SET］键：

a. 在循环显示状态下，按下"SET"键激活主菜单；

b. 在进行投切压板、整定定值、切换定值区、设置时间、设置装置地址等操作时，"SET"键相当于电脑的回车键，按下"SET"确认执行。

（2）［QUIT］键：

a. 清屏；

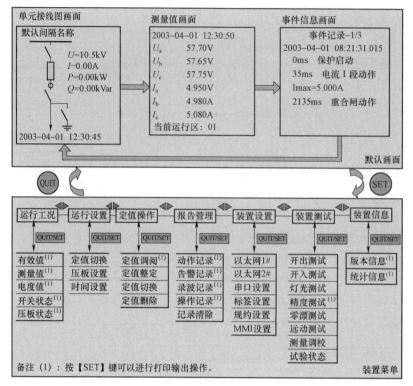

图 5-7　CSC-211 微机保护装置操作界面示意图

b. 当进行菜单操作时，按一下"QUIT"键可以取消操作，或者退回上级菜单。

（3）[↑]、[↓]、[←]、[→] 方向键：

a. 控制光标向上、下、左、右四个方向移动；

b. 输入数字时，用 [←]、[→] 键控制光标左右移动到要更改数字位上，用 [↑]、[↓] 增大或减小数字。

5.2.1.2　国外保护装置

国内保护装置的操作大同小异，国外保护装置由于操作界面是英文，因此定值修改相较国内保护要难一些，下面以 SEL 装置为例讲解保护定值修改过程（见图 5-8）。

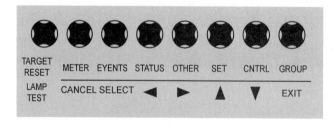

图 5-8　SEL-351A 微机保护装置面板

SEL-351A 的面板所有按钮具有双重功能。主功能首先被选择（例如 METER 按钮），在主功能被选择以后，按钮就转换到它的次功能（CANCEL、SELECT、左/右箭头、上/下箭头、EXIT）。例如，在按下 METER 按钮后，使用上/下箭头来滚动前面板表计屏幕，表计显示完成后，按 EXIT 按钮退出。修改定值的具体操作步骤如下：

（1）按 SET（▲）键，屏幕出现："GROUP　PORT" 等字符，光标在 GROUP 下方。

（2）按 EVENTS（SELECT）键，屏幕出现："GROUP　1 2 3 4 5 6"，光标在 1 下方。

（3）按 EVENTS（SELECT）键，屏幕出现："SET　SHOW"，光标在 SHOW 的下方，再按 STATUS（◀）将光标移至 SET 下方。

（4）按 EVENTS（SELECT）键，屏幕出现 "PASSWORD：ABCDEF"，光标在 A 下方。

（5）按 SET（▲）键多次，直至 A 变成 T。再按 OTHER（▶）将光标移至 B 下方，按 CNTRL（▼）键一次，使 B 变成 A。同样，将 CDEF 变成 IL 空白（A 前面即为空白）。此时面板显示 PASSWORD：TAIL。

（6）按 EVENTS（SELECT）键，会看到面板 EN 灯熄灭了一下，并听到一声轻微的"咔嗒"声（ALARM 继电器动作），同时可看到定值 CTR=15（15 为举例值）。

（7）当按 CNTRL（▼）至出现需要修改的定值时，按 EVENTS（SELECT）会在定值下方出现光标，再按 SET（▲）、CNTRL（▼）、STATUS（◀）、OTHER（▶）键修改到所需的值，改完后再按 EVENTS（SELECT）确认，再用同样方法修改下一个定值。表 5-8 为 SEL 装置常用检验项目含义。

表 5-8 　　　　　　　　　　　　SEL 装置常用检验项目含义

序号	常用检验项目代号	注释
1	50P1P	过流速断动作电流
2	50PP	反时限过流动作电流
3	51PTD	反时限过流动作时间
4	50N1P	零流速断动作电流
5	51NP	反时限零流动作时间
6	51NTD	反时限零流动作时间
7	50N3P	间歇性接地动作电流（换算到二次电流）
8	59N1P	间歇性接地 3U0 闭锁电压
9	SV12PU	间歇性接地动作时间（单位为周波：即 50 倍的整定时间）

（8）当全部定值修改完后，按 GROUP（EXIT）键，屏幕出现 "SAVE CHANGE？ YES NO"，再按 EVENTS（SELECT）键，此时也会看到面板 EN 灯灭了一下，并听到一声轻微的"咔嗒"（ALARM 继电器动作），定值修改就全部完成了。

5.2.2　二次巡视

继电保护及二次回路的运行维护分为日常巡视及特殊巡视。

5.2.2.1　日常巡视（见表 5-9）

（1）屏外外观无锈蚀、封堵良好，基础无下陷，无异响、异味（见图 5-9）。

图 5-9　屏外外观

（2）端子排、二次元件标识正确完好，接线紧固，无脱落、跳火（见图 5-10）。

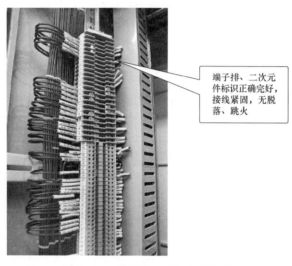

图 5-10　端子排、二次元件标识

（3）空气开关、控制转换开关、熔断器按运行方式正常投入，各分路开关指示灯与实际运行相符，标识清晰、完好，无漏投、误投情况。

（4）连接片标识清晰、完好，正常方式下按照二次连接片对照表核对一致，与继电保护定值单要求一致（见图 5-11）。

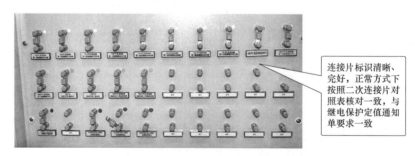

图 5-11　连接片标识

（5）装置本体清洁完整，信号灯指示正常，无告警信号，无异响异味，日期、时间、电压、电流、光纤差动保护通道误码率等显示正常，数据实时更新。

（6）打印机正常、打印纸充足（见图5-12）。

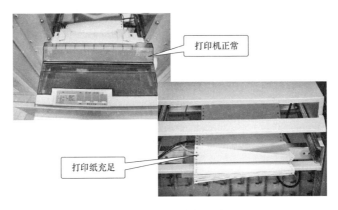

图5-12　打印机正常

（7）高频通道信号正确，收发电平显示正确，并按周期记录数值。

（8）继电器外观良好，无异响异味，接点无放电痕迹（见图5-13）。

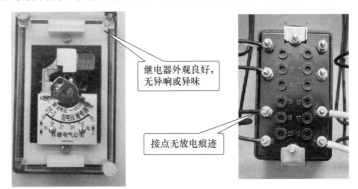

图5-13　继电器正常

（9）计算机运行正常，电源、网络连接良好，显示器显示正常，无异味（见图5-14）。

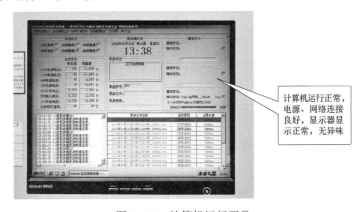

图5-14　计算机运行正常

（10）网络通信运行正常，网络连接灯闪烁（见图5－15）。

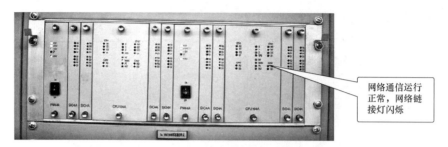

网络通信运行正常，网络链接灯闪烁

图5－15　网络通信运行正常

表5－9　　　　　　　　　变电站继电保护巡视项目检查单示例

序号	检查项目		巡视日期
1	站内信号及发信检查		
2	直流绝缘检查	＋对地	
		－对地	
3	直流电压检查	控制	
		合闸	
4	站内保护继电器整定检查		
5	继电器运行状况及封印检查		
6	保护压板运行位置铭牌检查		
7	设备运行校验周期检查		
8	表计指示测量正确性检查		
9	自动重合闸试验		
10	主变有载调压运行状况检查		
11	二次设备带点清扫		
12	自切装置带电试验		
13	户外端子箱接线及防潮检查		
14	各仓位内电源小开关位置检查		
15	出口中间线圈电阻值测量		
16	变压器温度、瓦斯油位检查		
17	发现缺陷处理或缺陷单编号		
18	巡视人签名		

5.2.2.2　特殊巡视

（1）雷雨后：直流绝缘正常，高频通道正常，无异常告警信号。

（2）地震后，屏柜无倾斜变形，屏顶无坠落物，柜门无破损，装置运行正常。蓄电池无倾倒、无移位。

（3）大雪后：高频、光纤通道正常，无异常告警信号。

5.2.3　380V 实验及带负荷测量

5.2.3.1　主变通 380V 实验

（1）适用于：

a. 新站投运主变送电前。

b. 主变的电流互感器进行过更换。

（2）目的：为了检验主变两侧流变的变比、极性是否正确。

（3）方法：主变高压侧通 380V 线电压，低压侧分别在主变差动保护电流互感器保护范围内、外短路，简称区外短路、区内短路，从而测得电流进行比较，以此验证电流回路的正确性。接线示意图如图 5－16 所示。

高压侧的加压位置通常在进线侧开关电缆仓，低压侧短路可以直接在低压侧流变处用接地线短路或使用母线接地手车。380V 电压一般取自交直流屏，变电站的检修箱内 380V 电源的容量有限。

（4）测量数据：

a. 主变两侧一次电流值；

b. 保护装置读数：主变两侧二次电流值、差动电流、制动电流值；

c. 差动保护、后备保护、故障录波、测量等各组电流互感器的二次电流值及角度；

d. 交叉实验：高压侧流变 AB 两相交叉，测量此时的差动电流、制动电流大小，同样的方法再对 BC 两相交叉做校验。

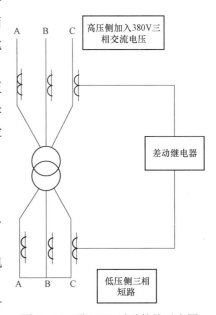

图 5－16　通 380V 试验接线示意图

（5）理论计算：根据变压器的额定容量 S_e、阻抗百分数 $u_k\%$、变压器的分接头相对应的额定电压 U_e 等参数，计算出加入 380V 三相交流电压时高压侧的一次电流值，计算公式如下：

$$I_{试} = \frac{380 \times I_{1n}}{U_{1n} \times u_k\%} \qquad (5-1)$$

再经主变变比得到低压侧一次电流值；再除以电流互感器变比计算出两侧二次电流值。注意计算差动电流时要考虑星三角转换，一般为星向三角侧转，制动电流的定义方法要参考厂家说明书。计算结果标幺化。

5.2.3.2　带负荷测量

变压器差动保护原理简单，但实现方式复杂，加上各种差动保护在实现方式细节上的各不相同，更增加了其在具体使用中的复杂性，使人为出错几率增大，正确动作率降低。不同厂家的保护装置设计方法存在一定的差异，这些细小的差别，设计、安装、整定人员很容易疏忽、混淆，从而造成保护误动、拒动。为了防患于未然，就必须在变压器差动保护投运时进行带负荷测试。

主变带电测量主要工作内容有以下几点，详细检查项目参见表 5-10~表 5-12。

表 5-10 运行中带负荷测量纵差动作、制动电流示例

设备名称	继电器型号	一次电流（A）	CT变比	测量记录								测量日期（年月日）
				动作电流			制动电流			通信状态		
				A	B	C	A	B	C	收信%	发信%	

表 5-11 运行中带负荷测量差动不平衡电流记录示例

设备名称	保护类型	继电器型号	一次电压/kV	一次电流/A	CT变比	测量记录/mA 或 mV								测量日期（年月日）
						不平衡电流			不平衡电压			工作、制动电流		
						A	B	C	A	B	C	(I_p)	(I_t)	

表 5-12 变电站带电监测电压线圈运行测量单示例

保护设备名称	继电器型号	编号	继电器年限	原始测量数据		年月日	年月日
				计算值	测量值	实测数据/Ω	实测数据/Ω
发现缺陷设备名称			缺陷内容				
其他设备检查情况							
带电测量人员签名			年月日				年月日

数据收集完后，便是对数据的分析、判断。数据分析是带负荷测试最关键的一步，数据分析可以从以下五个方面进行。

（1）看电流相序。

正确接线下，各侧电流都是正序：A 相超前 B 相，B 相超前 C 相，C 相超前 A 相。若与此不符，则有可能：

a. 在端子箱的二次电流回路相别和一次电流相别不对应，比如端子箱内定义为 A 相电流回路的电缆芯接在了 C 相 CT 上，这种情况在一次设备倒换相别时最容易发生。

b. 从端子箱到保护屏的电缆芯接反，比如一根电缆芯在端子箱接 A 相电流回路，在保护屏上却接 B 相电流输入端子，这种情况一般由安装人员的马虎造成。

（2）看电流的对称性。

每侧 A 相、B 相、C 相电流幅值基本相等，相位互差 120°，即 A 相电流超前 B 相 120°，B 相电流超前 C 相 120°，C 相电流超前 A 相 120°。若一相幅值偏差大于 10%，则有可能：

a. 变压器负荷三相不对称，一相电流偏大或一相电流偏小。

b. 变压器负荷三相对称，但波动较大，造成测量一相电流幅值时负荷大，而测另一相时负荷小。

c. 某一相 TA 变比接错，比如该相 TA 二次绕组抽头接错。

d. 某一相电流存在寄生回路，比如某一根电缆芯在剥电缆皮时绝缘损伤，对电缆屏蔽层形成漏电流，造成流入保护屏的电流减小。

若某两相相位偏差大于 10%，则有可能：

a. 变压器负荷功率因数波动较大，造成测量一相电流相位时功率因数大，而测另一相时功率因数小。

b. 某一相电流存在寄生回路，造成该相电流相位偏移。

（3）看各侧电流幅值，核实 TA 变比。用变压器各侧一次电流除以二次电流，得到实际 TA 变比，该变比应和整定变比基本一致。如果偏差大于 10%，则有可能：

a. TA 的一次线未按整定变比进行串联或并联。

b. TA 的二次线未按整定变比接在相应的抽头上。

（4）看两（或三）侧同名相电流相位，检查差动保护电流回路极性组合的正确性。这里要将两种接线分别对待，一种是将变压器Y侧 TA 二次绕组接成△，另一种是变压器各侧 TA 二次绕组都接成Y。对于前一种接线，其两侧二次电流相位应相差 180°（三圈变压器，可分别运行两侧，来检查差动保护电流回路极性组合的正确性），而对于后一种接线，其两侧二次电流相位相差角度与变压器接线方式有关。比如一台变压器为Y/Y/△－11 接线，当其高、低压侧运行时，其高压侧二次电流应超前低压侧（11－6）×30°，而当其高、中压侧运行时，其高压侧二次电流和中压侧电流仍相差 180°。若两侧同名相电流相位差不满足上述要求（偏差大于 10°），则有可能：

a. 将 TA 二次绕组组合成△时，极性弄错或相别弄错，比如Y/Y/△－11 变压器在组合Y侧 TA 二次绕组时，组合后的 A 相电流应在 A 相 TA 极性端和 B 相 TA 非极性端（或 A 相 TA 非极性端和 B 相 TA 极性端）的连接点上引出，而不能在 A 相 TA 极性端和 C 相 TA 非极性端（或 A 相 TA 非极性端和 C 相 TA 极性端）的连接点上引出。

b. 一侧 TA 二次绕组极性接反。在安装 TA 时，由于某种原因其一次极性未能按图纸摆放时，二次极性要做相应颠倒，如果二次极性未颠倒，就会发生这种情况。

（5）看差流（或差压）大小，检查整定值的正确性。对励磁电流和改变分接头引起的差流，变压器差动保护一般不进行补偿，而采用带动作门槛和制动特性来克服，所以，测得的差流（或差压）不会等于零。那用什么标准来衡量差流（或差压）合格呢？对于差流，我们不妨用变压器励磁电流产生的差流值为标准。比如一台变压器的励磁电流（空载电流）为 1.2%，基本侧额定二次电流为 5A，则由励磁电流产生的差流等于 1.2%×5＝0.06（A），0.06A 便是我们衡量差流合格的标准。对于差压，我们引用《新编保护继电器校验》中的规定：差压不能大于 150mV。如果变压器差流不大于励磁电流产生的差流值（或者差压不大于 150mV），则该台变压器整定值正确；否则，有可能是：

a. 变压器实际分接头位置和计算分接头位置不一致。对此，我们有以下证实方法：根据实际分接头位置对应的额定电压或运行变压器各侧母线电压，重新计算变压器各侧额定二次电流，再由额定二次电流计算各侧平衡系数或平衡线圈匝数，再将计算出的各侧平衡系数或平衡线圈匝数摆放在差动保护上，再次测量差流（或差压），如果差流（或差压）满足要求，则说明差流（或差压）偏大是由变压器实际分接头位置和计算分接头位置不一致引起，变压器整定值仍正确，如果差流（或差压）不满足要求，则整定值还存在其他问题。

b. 变压器 Y 型侧额定二次电流算错。由于微机变压器差动保护在"计算丫侧额定二次电流乘不乘 $\sqrt{3}$ "问题上没有统一，所以，整定人员容易将丫侧额定二次电流算错，从而，造成平衡系数整定错。

c. 平衡系数算错。计算平衡系数时，通常是先将基本侧平衡系数整定为 1，再用基本侧额定二次电流除以另侧电流得到另侧平衡系数，如果误用另侧额定二次电流除以基本侧电流，平衡系数就会算错。

d. 以上五个方面中列举的各种因素，都会最终造成差流（或差压）不满足要求，但我们只要按照以上五个方面依次检查，就会将这些因素一个个排除，此处就不再赘述。

5.2.4 母线不平衡排查工作

5.2.4.1 母线不平衡率简介

电度表是用来测量电能量的仪表，在高电压或大电流的情况下，电度表不能直接接入线路，需配合电压互感器或电流互感器使用。母线电量不平衡率是母线输入、输出电量的差值与母线输入电量的百分比，直接影响线损率的统计，是供电企业一项非常重要的指标，目前国网公司要求在±1%以内。

由于设备、人员和用电环境等原因，尤其是电量采集数据较易在采集和计量环节发生异常，即出现通信问题、二次计量回路故障、台账错误，都会造成母线不平衡率异常，需要及时排查消缺。

母线电量不平衡率异常影响公司供电可靠性和电费收益。变电站母线电量作为下级线路的供电数据源头，电量不平衡率异常将会影响线路的线损计算，导致无法准确辨别出设备运行异常和偷漏电问题，影响公司供电可靠性和电费收益。同时，母线电量不平衡率异常也会影响部门的绩效考核。电站母线电量不平衡率是线损考核工作的一项重要指标，影响着部门及员工的绩效。

现有母线不平衡率排查方法主要以现场排查为主，即逐一对表计进行排查，母线不平衡率现场治理工作主要由继电保护专业人员负责。

5.2.4.2 电能表结构及接线方式

以 A 相为例，左边一格为电压接线盒，其中间的连接片可以方便地接通和断开 A 相电压二次线。当连接片接通时，上端三个接线孔 1、2、3 都与下端进线孔同电位，可分别接向电能表的各 A 相电位进线端。

右边为电流接线盒，其中每个竖行各螺钉间分别连通，中间的两个短路片，上短路片为常闭状态平常接通左边两竖行（当用虚线所示串进现场检验仪后，右移该短路片，断开左边两竖行的直接接通）；下短路片为常开状态（更换电能表之前，要先右移该短路片直接短接右边两竖行，从而短接 TA，保证更换电能表时 TA 不开路）。

电能表试验接线端子盒（见图 5-17）应具有带负荷现场校表、带负荷换表、防窃电三种功能。接线盒类型有 PJ 型接线式和 FY 型插接式两种。

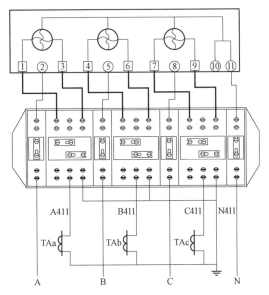

图 5-17　电能表接线盒（检修状态）示意图

图 5-18　三相四线制电度表接线实例

图 5-18 是三相四线制电度表接线方式。端子 1、4、7、10 分别接电度表 A、B、C、N 相电压。端子 2、5、8 分别接电度表 A、B、C 相电流（流入）。端子 3、6、9 分别接电度表 A、B、C 相电流（流出）。端子 a、d、g、j 分别接压变 A、B、C 相电压。端子 b、e、h 分别接流变 A、B、C 相电流（极性端）。端子 c、f、i 分别接流变 A、B、C 相电流（非极性端）。端子 c、f、i、j 并接至端子 j。

工作状态，三相电流连接片需打开（靠右）。检修状态，三相电流连接片需闭合（靠左）。工作时需注意：端子螺丝必须拧紧，使导线连接紧固。电流回路不能开路，只能短路。电压回路不能短路，只能开路。

5.2.4.3　现场检查与消缺

根据前期分析得到异常线路及其故障类型，现场进行排查验证判断结果的准确性。

使用工具：MC2000 手持双钳数字相位伏安表。可测量二次电流值、二次电值、2 个电压之间的相位、2 个电流之间的相位、电压与电流之间的相位。

现场验证过程（见图 5-19）。

（1）电压测量：将双钳表调到电压档 200V，用电压表棒测量端子排 U（1）（2）、U（1）（3）、U（2）（3）电压值均应为 100V 左右；

（2）电流测量：将钳形电流表调到交流电流 10A 档，用电流钳测量端子排 I（4）、I（5）、I（6）、I（7）电流值，其电流值应该相等。当故障发生时，钳形电流表会有异常显示。

以缺两相电流为例，用电流钳测量端子排 I（4）、I（5）、I（6）、I（7）电流值，结果显示只有 A 相电流有向量显示，可确定故障为缺 BC 两相电流。

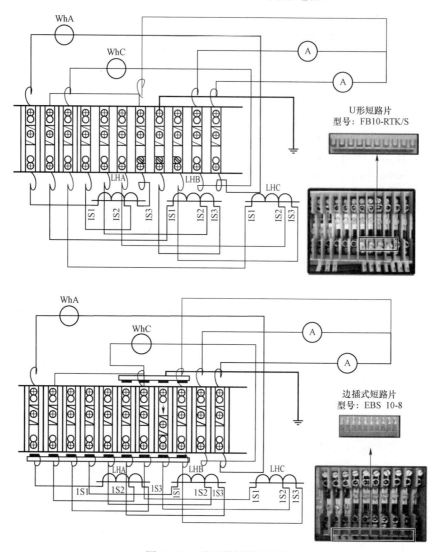

图 5-19　端子排接线示意图

对排查确定的故障消缺处理（见图 5-20），消缺方法如下：

（1）缺单相电压、两相电压、三相电压、部分电压：将故障表计的相关电压回路接线及连片进行加固；

（2）缺单相电流、两相电流、三相电流、部分电流：将故障表计的相关电流回路接线及连片进行加固；

（3）电压相序错误：将故障表计的相关电压回路进行串接改线；

（4）电流相序错误：将故障表计的相关电流回路进行串接改线；

（5）单相、两相及三相电压二次极性接反：将故障表计的相关电压回路极性调换；

（6）单相、两相及三相电流二次极性接反：将故障表计的相关电流回路极性调换。

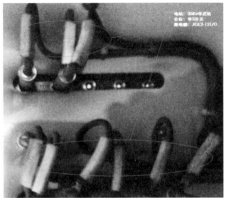

图 5-20　故障消缺

5.3　新站验收工作

随着新建变电站的不断增多，以及老旧变电站的新建改造，新站验收工作也是继电保护工作中十分重要的工作之一。验收工作的主要内容包括对二次设备的检查验收、继电保护按整定书执行，变电站资料抄录等。

5.3.1　准备工作

其中包括资料、图纸、厂家说明书、继保整定室下发的继保整定单、实验仪器仪表、工作票、试验指导书、必要的试验报告纸、现场配置打印机的打印纸。在此步骤中要求将现场一次系统主接线图、各单元保护配置、电压互感器变比、电流互感器变比、保护装置使用的型号及特点先看明白，必要时做好记录，同时将保护试验所需要的标准试验设备，相应的仪器仪表带齐。联系好需要配合的专业人员。

5.3.2　信息交汇

进入现场后的要做的第一项重要工作就是信息交汇，因为初次进入基建工地，对现场的设备安装进度、安装过程中发生的变更、临时用电等都不清楚，因此，必须要和基建单位关于本专业负责人员进行技术和现场安全措施的交底，才能保证人员和设备安全，了解实际的一次系统与设计图纸是否完全一致、二次系统与设计是否一致、有没有设计单位通知变更的部分，如有变更，及时通知保护科及与自己有关系的班组，并进行记录，对主本工作中的信息要进行相关调整。同时，交换现场临时电源的使用情况，明确危险点、试验电源的使用方式及允许容量、电源控制开关所在地点。办理开工许可（单纯基建时一般不独立开票，可以将票办在基建调试人员使用的票里）。

5.3.3　工作流程

检验一般原则：交流回路靠查，直流回路靠传。

5.3.3.1　外回路检查

（1）包括电压互感器回路、电流互感器回路（指检查并记录：变比、铭牌、极性、相应的伏安特性、二次回路接线的正确性、二次接地的统一位置、以及端子箱内相关设备是否与设计一致）。这里需要注意的是，与设计一致不一定能满足保护运行要求，要注意按照保护定值的要求来衡量设计，如果有配合问题，及时向有关部门和领导提出，同时，还有个习惯问题，一般工程设计，都有共性和常识性的东西，这些从运行习惯中可以检查得到，但是各个设计单位还有他自己独特的东西，遇到独特的设计、与我们运行习惯不一致的地方，一定要与基建部门、上级主管部门，运行方式部门取得联系，把设计思路与运行结合起来，防止由于设计失误造成安全隐患。

（2）变电站内所辖继电器的检查及试验：包括电压断线闭锁继电器，接地信号电压继电器的定值，回路逻辑的正确性及功能作用的检验（断线闭锁功能、断线信号、接地信号是否正确，计量回路、保护回路、开口三角的 N 线是否独立进入保护室，电缆平方是否符合规程要求，接地线平方是否符合规程规定，接地电阻是否符合规程要求）。

（3）各个保护装置使用电压互感器二次电压的核查，如果两组电压互感器是互相切换的，要检查相应刀闸合分时切入保护装置的电压与开关所在母线的电压一致，（要保证定相正确：××相电压与××相电流要保证一致），如果是单母线固定连接的也要检查刀闸合分对电压切入的准确性。

（4）电流互感器检测注意不要遗漏，一般来讲，按照规程及安全生产全过程管理规定，归保护专业管理的都要进行检查，使用的要保证回路正确，备用的要保证二次短路良好可靠，防止开路，备用的也要进行试验，做好记录，有抽头的要记录好怎么抽的头，变比是多大。

（5）电压互感器：一般我们地区主要就是：站内每个电压等级每条母线一个；一般电容器的放电线圈 PT 都接线成开口作为零序电压保护的采样接入，也曾经有个别的设计将过压保护电压也取自这里。验收时得注意设计和运行的要求。

（6）刀闸位置的检查：一般刀闸位置用来切换装置使用的电压回路，表明设备运行在那条母线，甚至直流回路怎么开入，因此刀闸位置的检查非常重要，只要需要刀闸位置的地方，就必须检验，保证刀闸接点的转换盒内的接点正确并接触良好，同时保证刀闸接点的转换盒要保证防潮和污染。

（7）变压器本体相关装置检查：瓦斯继电器及回路的检查（包括本体轻重瓦斯，有载调压轻重瓦斯），主要检查瓦斯继电器接线柱是否松动，盒内是否有油污，二次电缆头是否能防止污染，防雨设施是否到位；压力释放阀的检查，该回路检查与瓦斯回路检查基本一致，但是目前保护科很少让该回路跳闸，基本都是运行在发信号，具体方式以定值单为准；温度过高回路的检查，该回路检查与压力释放阀的检查基本一致，目前保护科没有让该回路跳闸，基本都是运行在发信号，具体方式以定值单为准。

（8）变压器冷却器检查：该回路主要检查风机的启动正确、电源故障信号、风机故障信号、风机工作组的运行情况、手动及自动启动风机回路以及上传的报文是否正确，按照冷却装置设计将回路传动正确，报文无误。同时与图纸核对使用控制元件是否与图纸一致，规格是否相符，以此来保证备件的正确购买。

（9）防水、防冻、防污、接地的检查：主要检查本专业所辖室外设备（包括电缆，及装置）是否能防水、防冻、防污，保证不因外界原因造成损害，保证接地良好，不会误解接地线。

（10）电压抽取装置及回路的检验：要对电压抽取装置回路进行检查，检查装置安装的正确性，电压抽取回路的准确性，记录使用型号，抽取相别。

（11）全部回路绝缘检查：外回路检查要将电缆对到保护室，不到保护室的要对应到相应位置，不进屋备用的要就地短路封好，作好接地，进屋的电缆要对应到对应的保护装置保护屏端子排外侧，此时更加要注意的是检查与设计图纸端子排具体位置是否相符。

5.3.3.2　保护装置检查

（1）保护装置及所辖自动装置外观检查：包括端子排布置、网络线连接、打印机布置，抗干扰接地线的布置是否与规程要求相符合，盘内交流电源的使用情况（检查该交流的使用具体位置防止混入直流回路）、检查强电直流与弱电直流回路是否有混接。检查盘内使用空气开关的容量及型号，看是否与设计相符合，回路是否正确。切换回路是否与设计相符合。

（2）保护装置初步检查：此步骤主要是检查装置是否与说明书指明的功能一致，检查并记录版本号、厂家生产日期、并注明厂家售后服务人员联系电话，检查该装置逻辑与一次系统能否配合。

（3）按照说明书列出的功能传动保护装置所有配置的功能及压板（不论将来使用否，也要将各个配置弄准确）（具体检验项目参照说明书及作业指导书）。

（4）输入保护定值，按定值进行装置传动及检查：传动注意事项及要求。

（5）相互关联保护之间的传动检查：比如失灵保护，母差保护分各分路开关的检查。同时还要对电流互感器转接的回路进行检查确认（比如与保护复用同一个电流互感器二次线圈的故障录波器回路）。

（6）母联开关保护回路的检查：包括互投、备投回路的检查，母联开关与失灵、母差保护相关回路的检查。当母联开关本身不投保护时，将相应保护压板取下。并明确列在保护规程中。

（7）各个保护装置使用电压互感器二次电压的核查，如果两组电压互感器可以互相切换，要检查相应刀闸合分时切入保护装置的电压与开关所在母线的电压一致（要保证定相正确：××相电压与××相电流要保证一致）。

（8）电压回路的通电检查：建议用从电压互感器接线柱处电缆向盘内加电压的方法，来检查确认电压回路接线的正确性，保证电压准确到位。

（9）直流回路的检查：包括保险及空气开关使用的容量、型号，以及直流分电屏每路的铭牌与实际供电负荷是否一致，是否分级配置。

（10）纵联差动保护的通道（包括各种通道）检查，记录方式、厂家、装置型号。

（11）母差保护系统图的核对，拉合刀闸来核对对应的实际位置是否与装置的位置一致。保护装置的检查、试验、传动。

（12）故障录波器的检查，核对外部接入的交流采样及开关量是否正确，与实际设备是否能对应。（同时检查故障录波器盘内的接线工艺，接地、交流、直流电源的使用情况、打印机的配置）。

（13）电容器保护回路的检查。

（14）开关机构的检查：防跳回路（包括电气防跳和机械防跳回路）的检查及功能的实现，防跳继电器的试验要重点检查继电器绕组是否带有极性，开关压力闭锁功能的检查。

（15）电容器自动投切回路的传动（如果是硬件的设备要对装置进行试验）。

（16）站变保护回路的检查，以及互投回路的检查。

（17）全站整组传动以及，前后台信号的比对，包括对各级调度的信号传送。

（18）根据现场情况设置 VQC 定值。

（19）卫星对时系统（包括硬接点校时到分和通讯校时到秒的检查和核对）。

注意事项：将在检查及试验中发现的问题（或者不理解的地方）及时汇报到主管领导，通过与设计及运行部门的协调把问题弄清楚。并作好必要的笔录。当以上问题没有疑问时候进行下一步骤。

5.3.3.3 验收注意事项

目前继电保护验收时的相关标准及注意事项如表 5-13 所示。

表 5-13　　　　　　　　110、35kV 变电站（综自站）继电保护验收注意事项

序号	项目	验收注意事项
1	电流互感器	① 检查电流互感器验收单位原始报告，观察三相 TA 伏安是否平衡，开始点和终止点的三相误差不超过 20%，否则建议调换。② 检查电流互感器极性，10kV 出线保护 TA 极性以潮流方向为正；差动保护 TA 极性方向为指向变压器；线路纵差保护 TA 极性为母线为正。③ 二次回路连续性好、核相正确，电流互感器二次回路禁止开路，备用 TA 需短接接地。④ 二次接地线：10kV 保护开关柜内接地，主变保护屏所有二次 TA 回路为屏内接地，取消开关柜内接地
2	电压互感器	① 检查电压互感器的变比、极性。② 检查电压互感器二次回路，二次侧严禁短路。③ 柜面上 TV 联络开关贴"禁止联络"红色标示牌
3	故障录波仪	根据故障录波仪设定单检查故障录波仪的定值设定情况；检查故障录波仪是否与调度数据网联通；检查故障录波仪是否与电科院故障录波后台联通
4	开关控制回路	① 手动跳合闸回路检查，确保回路正确。② 防跳回路检查：结合保护整组试验进行
5	保护装置	① 核对装置内部整定值与设计原理图及整定书。② 核对装置信号指示灯。③ 核对装置告警信号。④ 核对整组及联动开关试验（含压板作用试验）。⑤ 保护信号核对。⑥ 检查接线。⑦ 装置时钟校对
6	二次资料	① 10kV 开关柜、35（110）kV 开关柜厂家图、主变保护屏厂家图（白图）。② 竣工草图（蓝图）。③ 继电保护报告电子版。④ 变电站验收需要抄录的资料电子版
7	二次铭牌	检查柜面、柜内、保护屏前、保护屏后铭牌，严格按照标准铭牌格式
8	二次封堵	① 检查 10、35、110kV 开关柜继电保护室左右下角开孔（如有左右上角开孔也需注意）封堵。② 检查主变保护屏、电能表屏、直流屏等和继电保护、直流相关屏位左右下角开孔封堵
9	电能表屏	① 拆除电能表报警接点，防止电能表低流报警。② 检查通信电缆敷设情况，确保与线损一体化平台联通
10	直流系统	① 110kV 变电站：110kV 回路直流馈线为辐射形接线方式，35kV 和 10kV 回路直流馈线为小母线接线方式。35kV 变电站：35kV 和 10kV 回路直流馈线为小母线接线方式。② 开关柜内的直流总电源等级不大于上一级直流屏直流空开等级。③ 采用小母线接线方式的直流系统均存在直流联络开关，选型：交流隔离开关，40A，不可使用常规直流空开
11	交流系统	站用电切换时间设为最短，最好为 0s

序号	项目	验收注意事项
12	综自后台	① 所有改扩建、新建综自变电站均需具备后台调录微机继电器故障录波功能，即通过后台能读取故障跳闸线路微机的故障报告：故障电流大小，相位，时间，测距等等。② 10、35、110kV 出线：国产微机保护，所有后台软压板均为"停用重合闸软压板"。③ 10、35、110kV 自切："自切遥控开关""一段进线低电压跳闸软压板""二段进线低电压跳闸软压板"逻辑功能测试正常，能实现调度投退自切
13	自切	① 柜面上"自切遥控开关"放置在"遥控"位，贴"禁止切换"红色标示牌。② 10kV 压变柜、10kV 分段柜内"自切压变电源开关"贴"自切投入后禁止分闸"红色标示牌。③ 除验收时进行开关整组联动试验外，投运时还应进行实切试验，确保自动装置地可靠运行
14	主变保护	① 跳闸型非电量回路，全回路与直流正电有间隔端子排。② 变压器本体的瓦斯、油温表、绕组温度表、压力释放、油位表装置电缆进线处应有良好的防水措施。③ 气体继电器要有防雨罩且安装牢固。④ 通 380 试验：通过一次侧通 380V 电压，检验主变各侧 TA 的变比、极性是否正确。⑤ 带负荷测量：投运后需进行带负荷测量，进一步验证相关 TA 回路、保护回路的正确性
15	110kV 线路纵差保护	① 因线路纵差保护是与上下级站相配合，为此需积极联系上下级站相关调试人员，对保护的 TA 极性变比以及装置的定值设定仔细核对。② 检查光纤通道，保护装置信号及交流量传输是否正常，适当时候进行联调试验，确保保护装置正确动作。③ 带负荷测量：投运后需进行带负荷测量，进一步验证相关 TA 回路、保护回路的正确性

5.3.4 投运前工作

（1）整理报告、提交保护现场运行规程、调试检验项目齐全，图纸、资料齐全完整，符合有关规范；

（2）所有备品备件、专用工具、仪器仪表齐全完好；

（3）装置及回路没有缺陷，性能指标、安装质量及施工工艺满足要求；

（4）将所有保护装置的信号复归，该上电的上电，保证装置处于正常状态，直流及交流电源开关合上，TV 电压开关合上。

（5）对所有保护装置及端子箱的端子排进行回检，保证没有开路短路等不正常的状态。

5.3.5 送电投运时的相关工作

（1）设备交接：按照已批准的变电站启动方案中需要投运的设备与中心站交接，会同中心站人员再次检查交接设备，确保状态正常符合投运要求；

（2）按照启动方案准备好送电过程中需要检查的项目的相应报告和所需要的工作票，如压变二次核相、主变带负荷测量、110kV 进出线纵差带负荷测量等。按照送电顺序，分阶段进行测量，保证不漏项。

（3）带负荷测量时要保证相关保护装置必须测量到位，如主变差动保护的高低压侧电流大小、差动保护动作电流、制动电流；线路纵差保护的本、对侧电流角度大小、动作电流、制动电流等。

（4）自切用上后，做实切试验，确保自切自动保护装置正常运行。

（5）结合自切实切试验，将电容器联跳功能投入运行，保证电容器联跳功能正常运行。

（6）送电结束后，再检查一遍全部保护装置，看是否正常运行，最后检查综自后台，确保没有任何信号。